城镇供水行业职业技能培训教材

水质检验工

浙江省城市水业协会
浙江省产品与工程标准化协会　组织编写

中国建筑工业出版社

图书在版编目（CIP）数据

水质检验工/浙江省城市水业协会，浙江省产品与工程标准化协会组织编写. —北京：中国建筑工业出版社，2020.2（2023.7重印）
城镇供水行业职业技能培训教材
ISBN 978-7-112-24585-7

Ⅰ.①水… Ⅱ.①浙…②浙… Ⅲ.①城市供水-水质监测-技术培训-教材 Ⅳ.①TU991.21

中国版本图书馆 CIP 数据核字（2020）第 011870 号

本书依据《城镇供水行业职业技能标准》CJJ/T 225—2016 编写，是《城镇供水行业职业技能培训教材》分册之一，本书由具有多年一线工作经验的专家学者团队精心编写，内容与时俱进，通俗易懂，实用价值高，涵盖了城镇供水行业水质检验工应掌握的理论知识及实际操作知识。本书可作为供水行业培训教材及相关专业大中专院校师生教材，供相关岗位从业人员及相关专业师生学习使用。

责任编辑：李　慧
责任校对：张惠雯

城镇供水行业职业技能培训教材
水 质 检 验 工
浙 江 省 城 市 水 业 协 会
浙江省产品与工程标准化协会　组织编写

*

中国建筑工业出版社出版、发行（北京海淀三里河路 9 号）
各地新华书店、建筑书店经销
霸州市顺浩图文科技发展有限公司制版
建工社（河北）印刷有限公司印刷

*

开本：787×1092 毫米　1/16　印张：10½　字数：257 千字
2020 年 5 月第一版　2023 年 7 月第二次印刷
定价：**43.00** 元
ISBN 978-7-112-24585-7
（35298）

《城镇供水行业职业技能培训教材》编写委员会

序

为贯彻落实《中共中央 国务院关于印发〈新时期产业工人队伍建设改革方案〉的通知》和中央城市工作会议精神,健全住房城乡建设行业职业技能培训体系,全面提高住房城乡建设行业一线从业人员的素质和技能水平,根据《住房城乡建设部办公厅关于印发住房城乡建设行业职业工种目录的通知》(建办人〔2017〕76号)和《城镇供水行业职业技能标准》CJJ/T 225—2016要求,结合供水行业的特点,浙江省城市水业协会和浙江省产品与工程标准化协会组织编写了《城镇供水行业职业技能培训教材》。

本套教材共9册,分别为《水质检验工》《供水管道工》《供水泵站运行工》《供水营销员》《供水稽查员》《供水客户服务员》《供水调度工》《自来水生产工》《机电设备维修工》。

本套教材结合供水行业的特点,理论联系实际,系统阐述了城镇供水行业从业人员应掌握的安全生产知识、理论知识和操作技能等内容。内容简明扼要,定义明确,逻辑清晰,图文并举,文字通俗易懂。对提升城镇供水行业从业人员职业技能素质具有重要意义。

本套教材编写过程中参考了有关作者的著作,在此表示深深的谢意。

本套教材内容的缺点和不足之处在所难免,希望读者批评、指正。

浙江省城市水业协会

浙江省产品与工程标准化协会

前　　言

《水质检验工》是《城镇供水行业职业技能培训教材》分册之一，根据《城镇供水行业职业技能标准》CJJ/T 225—2016，并结合供水行业水质检验人员岗位要求以及浙江省供水行业的特点编写而成。本书可作为城镇集中式供水企业水质检验人员的培训用书，也可作为水质化验人员日常工作的参考用书。

本书共分五章，主要包括水处理基础知识、水质分析基础知识、常规分析、仪器分析以及实验室管理等方面的知识。编写中着重考虑了以下几个方面：第一，书中内容较为全面地介绍了供水企业水质检验人员应该了解、熟悉和掌握的基础知识、实操技术等。理论知识尽量做到简洁明了，侧重实操技术；第二，不在书中详述检测方法流程，但对一些检测过程中的注意事项进行介绍，以供检验人员参考；第三，结合现在新技术和新设备在水质检验中的应用情况，对 TOC、流动注射、液质等检测设备进行了介绍，也介绍了部分常用的在线监测仪表；第四，关于水质检验实验室管理，提出质量管理、安全管理的基本要求，以供参考借鉴。

本书是在杭州市水务集团有限公司领导的关怀和支持下，在国家城市供水水质监测网杭州监测站十余位水质检验技术骨干共同努力下完成的。本书在编写过程中，参考了大量的相关文献，收集了供水行业不少同仁的意见和建议，在此，对文献的原作者表示衷心的感谢，对提供支持和帮助的同仁表示真挚的感谢！

由于编者水平和时间有限，难免存在不妥之处，敬请广大读者给予批评、指正！

目 录

第一章　水处理基础知识 ················· 1

第一节　水源 ····························· 1

第二节　生活饮用水水质标准 ········· 5

第三节　水质评价 ····················· 10

第四节　饮用水处理工艺 ············· 11

第二章　水质分析基础知识 ··········· 20

第一节　玻璃仪器及其他器皿 ······· 20

第二节　试剂及溶液配制 ············· 31

第三节　设施设备 ····················· 39

第四节　样品采集及处理 ············· 50

第五节　质量控制 ····················· 61

第六节　数据处理 ····················· 73

第三章　常规分析 ····················· 81

第一节　滴定分析 ····················· 81

第二节　比色分析 ····················· 94

第三节　电化学分析 ··················· 100

第四节　重量分析 ····················· 107

第五节　微生物分析 ··················· 108

第六节　需矾量和加氯量 ············· 117

第四章　仪器分析 ····················· 119

第一节　光谱分析 ····················· 119

第二节　色谱分析 ····················· 126

第三节　联用技术 ····················· 136

第四节　其他大型检测设备 ··········· 142

第五章　实验室管理 ··················· 147

第一节　资质认定和实验室认可 ····· 147

第二节　检测工作管理 ··············· 148

第三节　实验室安全管理 ············· 150

附录 ······························· 156

参考文献 ··························· 159

第一章

水处理基础知识

第一节　水　源

水是人类生产和生活中不可缺少的物质，是人类赖以生存的基本物质，是生命之源，也是经济发展不可取代的自然资源和人类可持续发展的基本保障。在自然界中通过降水径流、渗透等方式进行着无休止的循环，形成各种水源。

1. 水源分类及特点

水源按其存在形式主要可分为地表水源和地下水源两大类。地表水包括陆地表面形成的径流及地表贮存的水（如江、河、湖、水库等）。地下水包括地下径流或埋藏于地下的，经过提取可被利用的淡水（如潜水、承压水、岩溶水，裂隙水等）。

（1）地表水

1）江河水

江河水是地表水的主要水源。由于江河水主要来源于雨雪，受地理位置、季节的影响很大。南方降雨频繁，河水水量充沛；北方雨水少，河水流量冬夏相差很大，旱季许多河流断流，严寒地带，冬季河流封冻，输水和取水困难。江河水的水质受周边环境的影响很大，未经处理的生活污水和工业废水的排放，各种有机物、微生物、病毒以及无机矿物质、重金属、酸、碱性物质等大量存在，常使河流受到不同程度的污染。江河水是地面径流汇集而成，一般来讲，河流上游水质较好，下游水质较差，流量大时，往往因河流的自净和稀释作用，水质稍好，流量越小，水质越差。江河水的特点主要是：矿化度较低，硬度不高，浑浊度高，微生物含量高，受污染机会多，水质受外界环境影响较大。

2）湖泊和水库水

湖泊和水库水体大，水量充足，流动性小，停留时间长，沉淀作用明显，浊度较江河水低，水质、水量稳定，在冬季易发生低温低浊水现象。因浑浊度较低，日照条件好，水温及水中营养成分适宜，易造成浮游生物和藻类生长。水位较低或水温较高情况下，更易发生藻类爆发现象。库容量较小时，易受温度、周边污染排放及地质等条件影响。湖泊、水库水的特点是：水质相对稳定，浑浊度较低，季节性影响较大，易爆发藻类。

3）海水

海水含盐量高，水量大，在淡水资源特别缺乏的区域，可选择采用海水淡化技术作为饮用水水源的补充。

（2）地下水

地下水是水在地层中渗透聚集而成，存在于土层和岩层中。大气降水是地下水的主要来源，水在渗透过程中，水中的大部分悬浮物、胶体被土壤和岩层拦截去除。外观清澈，水温、水质稳定，不易受外界环境的影响和污染，是较好的生活饮用水水源。

地下水在土壤和岩层中运动时，溶解并富集了气体、盐类、胶体物和微生物，而这些物质的存在，使得地下水具有某种化学特性。地下水中化学成分的种类和数量取决于地质条件、气候条件、温度、压力等因素，其中起重要作用的是水对岩石成分的溶解度。悬浮杂质少，浑浊度低，有机物和细菌含量少，含盐量和硬度相对较高，直接受污染机会少是地下水的基本特点。

2. 水中杂质

原水中都不同程度地含有各种各样的杂质。这些杂质不外乎两种来源，一是自然过程；二是人为因素即工业废水、农业污水及生活污水的污染。这些杂质按尺寸大小可分成悬浮物、胶体和溶解物，见表 1-1。

水中杂质分类　　　　　　　　　　　　　　　表 1-1

分散颗粒	溶解物	胶体颗粒	悬浮物			
颗粒尺寸	0.1nm　　1nm　　10nm	100nm　　1μm	10μm　　100μm　　1mm			
分散系外观	透明	光照下浑浊	浑浊	明显浑浊		
颗粒名称	溶液	胶体	悬浮杂质			
分辨工具	电子显微镜可见	超显微镜可见	显微镜可见	肉眼可见		
颗粒内容	分子、离子	有机腐殖质、细菌病毒、黏土、重金属氧化物等	浮游生物泥土	砂		
处理方法	离子交换、软化等方法除去	混凝、沉淀、过滤除去	自然沉淀、过滤除去	沉砂池除去		

（1）悬浮物和胶体杂质

悬浮物尺寸较大，易于在水中下沉或上浮。易于下沉的一般是大颗粒泥砂及矿物质废渣等；能够上浮的一般是体积较大而密度小的一些有机物。

胶体颗粒尺寸很小，在水中长期静置也难下沉。水中所存在的胶体通常有黏土、某些细菌及病毒、腐殖质及蛋白质等。有机高分子物质通常也属于胶体类。工业废水排入水体，会引入各种各样的胶体或有机高分子物质。天然水中的胶体一般带负电荷，有时也含有少量带正电荷的金属氢氧化物胶体。

悬浮物和胶体是使水产生浑浊现象的根源。其中有机物，如腐殖质及藻类等，往往会造成水的色、臭、味。随生活污水排入水体的病菌、病毒及原生动物等病原体会通过水传播疾病。

悬浮物和胶体是饮用水处理的主要去除对象。粒径大于 0.1mm 的泥砂比较容易去除，通常在水中可很快自行下沉。而粒径较小的悬浮物和胶体杂质，须投加混凝剂去除。

（2）溶解杂质

溶解杂质包括有机物和无机物两类。无机溶解物是指水中所含的无机低分子和离子。它们与水所构成的均相体系，外观透明，属于真溶液。但有的无机溶解物可使水产生色、臭、味。无机溶解杂质主要是某些工业用水的去除对象，有毒、有害无机溶解物也是生活饮用水的去除对象。有机溶解物主要来源于水源污染，也有天然存在的，如腐殖质等。当前，在饮用水处理中，溶解的有机物已成为重点去除对象之一。

3. 水源水质标准

（1）地表水环境质量标准

《地表水环境质量标准》GB 3838—2002，规定了不同水域的不同标准限值。

地表水环境质量标准基本项目为 24 项，分五类不同限值要求，适用于全国江河、湖泊、运河、渠道、水库等具有使用功能的地表水水域。对集中式生活饮用水地表水水源地补充项目标准限值 5 项，限值适用于水源一级保护区和二级保护区。对集中式生活饮用水地表水水源地特定项目标准限值 80 项，限值适用于水源一级保护区和二级保护区。特定项目可由县级人民政府环境保护行政主管部门根据本地区地表水水质特点和环境管理需要进行选择。集中式生活饮用水地表水源补充项目和选择确定的特定项目作为基本项目的补充指标。

（2）地下水质量标准

《地下水质量标准》GB/T 14848—2017 将地下水质量指标划分为常规指标和非常规指标，将原标准的 39 项指标增加至 93 项。标准依据我国地下水水质现状、人体健康风险及地下水质量保护目标，并参照了生活饮用水、工业、农业等用水水质要求，将地下水质量划分为五类。

（3）生活饮用水水源水质标准

现行标准为《生活饮用水水源水质标准》CJ 3020—1993，适用于城乡集中式生活饮用水的水源水质，共 34 项指标，将水源水质标准分为二级。一级水源水：水质良好。地下水只需消毒处理，地表水经简易净化处理（如过滤），消毒后即可供生活饮用。二级水源水：水质受轻度污染。经常规净化处理（如絮凝、沉淀、过滤、消毒等），其水质即可达到《生活饮用水卫生标准》GB 5749—2006 规定，可供生活饮用。

水质浓度超过二级标准限值的水源水，不宜作为生活饮用水的水源。若限于条件需加以利用时，应采用相应的净化工艺进行处理。处理后的水质应符合《生活饮用水卫生标准》GB 5749 规定，并取得省、市、自治区卫生厅（局）及主管部门批准。

4. 水源保护与卫生防护

为了加强集中式饮用水水源地环境保护和治理，防范饮用水水源污染风险，保障饮用水安全，我国实行饮用水源保护区制度，要求对重要饮用水源地，应根据水源水质保护的要求，划定饮用水源保护区。饮用水水源保护区分为一级保护区和二级保护区，必要时可在保护区外划分准保护区。《饮用水水源保护区划分技术规范》HJ 338—2018，规定了地表水饮用水水源保护区、地下水饮用水水源保护区划分基本方法、定界、饮用水水源保护区图件制作和饮用水水源保护区划分技术文件编制的技术要求。

（1）水源保护区的范围

1）河流型饮用水水源保护区

一级保护区水域长度：取水口上游不小于 1000m，下游不小于 100m 范围；潮汐河段，上、下游两端范围均应不小于 1000m。宽度通常是整个河道（通航河道除航道外）。陆域为岸边 50m 纵深或至防洪堤。

2）湖泊、水库型饮用水水源保护区

依据饮用水水源地所在湖泊、水库规模的大小，将湖泊、水库型饮用水水源地进行分级，见表 1-2。

湖泊、水库型饮用水水源地分级　　　　表 1-2

	水源地类型		水源地类型
	小型：$V<0.1$ 亿 m^3		小型：$S<100km^2$
水库 V：总库容	中型：0.1 亿 $m^3 \leqslant V<1$ 亿 m^3	湖泊 S：水面面积	中大型：$S \geqslant 100km^2$
	大型：$V \geqslant 1$ 亿 m^3		

湖泊、水库饮用水水源一级保护区划分与湖库分级有关。小型水库和单一供水功能的湖泊、水库为整个水域，小型湖泊、中型水库为取水口半径 300m 范围，大中型湖泊、大型水库为取水口半径 500m 范围。

3）地下水饮用水水源保护区

地下水水源按含水层介质类型的不同，分为孔隙水、基岩裂隙水和岩溶水三类；按地下水埋藏条件的不同，分为潜水和承压水两类；按开采规模，地下水水源地又可分为中小型水源地（日开采量<5 万 m^3）和大型水源地（日开采量$\geqslant 5$ 万 m^3）。地下水饮用水水源保护区按这些不同的类型划定一定的水源保护区。

（2）水源的卫生防护

为了保障供水安全，集中式供水水源地应做好卫生防护，取水点的水质须符合国家规定的《生活饮用水卫生标准》GB 5749—2006 的要求，保护区防护应符合下列规定：

1）地表水源

① 禁止一切破坏水环境生态平衡的活动以及破坏水源林、护岸林、与水源保护相关植被的活动。

② 禁止新建、改建、扩建排放污染物的建设项目，与供水设施和保护水源无关的建设项目。

③ 禁止堆置、存放或向水域倾倒工业废渣、城市垃圾、粪便和其他废弃物。

④ 禁止向水域排放污水，必须拆除已设置的排污口。

⑤ 不得设置与供水需要无关的码头，禁止设置油库，禁止停靠船舶。

⑥ 禁止从事种植、放养畜禽和网箱养殖活动。

⑦ 禁止可能污染水源的旅游活动和其他活动。

⑧ 运输有毒有害物质、油类、粪便的船舶和车辆一般不准进入保护区，必须进入者应事先申请并经有关部门批准、登记并设置防渗、防溢、防漏设施。

⑨ 禁止使用剧毒和高残留农药，不得滥用化肥，不得使用炸药、毒品捕杀鱼类。

2）地下水源

① 禁止建设与取水设施无关的建筑物。

② 禁止倾倒、堆放工业废渣及城市垃圾、粪便和其他有害废弃物。

③ 禁止利用渗坑、渗井、裂隙、溶洞等排放或存储污水和其他有害废弃物。

④ 禁止从事农牧业活动，禁止设立油库、墓地等。

⑤ 禁止输送污水的渠道、管道及输油管道通过本区。

⑥ 实行人工回灌地下水时不得污染当地地下水源。

第二节　生活饮用水水质标准

1. 生活饮用水标准

我国现行的《生活饮用水卫生标准》GB 5749 由卫生部和国家标准委于 2006 年 12 月 29 日联合发布，适用于城乡各类集中式供水的生活饮用水，也适用于分散式供水的生活饮用水，其全部技术内容为强制性的，水质指标共 106 项。指标内容与限值基本已和国际接轨。

标准中水质常规指标及限值 38 项，其中微生物指标 4 项、毒理指标 15 项、感官性状和一般化学指标 17 项、放射性指标 2 项。饮用水中消毒剂常规指标及要求 4 项。水质非常规指标及限值 64 项，其中微生物指标 2 项、毒理性指标 59 项、感官性状和一般化学指标 3 项。

标准规定了小型集中式供水和分散式供水部分水质指标及限值 14 项，包括微生物指标 1 项、毒理指标 3 项以及感官性状和一般化学指标 10 项。

附录 A 还提出了生活饮用水水质参考指标及限值 28 项。

2. 饮用水水质指标

生活饮用水卫生标准对各类指标进行了分类并对每个指标制定了限值，下面对标准中主要的指标做一些介绍。

（1）微生物指标

1）总大肠菌群

总大肠菌群是需氧及兼性厌氧，在 37℃能分解乳糖产酸产气的革兰氏阴性无芽胞杆菌，可以用以评价输配水系统清洁度、完整性和生物膜存在与否，在水处理中可以作为消毒指示剂。消毒后的水立即检测不应检出总大肠菌群，一旦检出则表明水处理不充分；输配水系统或是二次供水设施中检出总大肠菌群，提示有细菌再生，可能有生物膜形成或被污染。

2）耐热大肠菌群（粪大肠菌群）和大肠埃希氏菌

在 44.5℃仍能生长的大肠菌群，称为耐热大肠菌群。大肠埃希氏菌被认为是指示粪便污染的最有意义的指标。耐热大肠菌群来源于粪便，检出耐热大肠菌表明饮用水已被粪便污染，有可能存在肠道致病菌和寄生虫病原体的危险。若水样中未检出总大肠菌群，可不必检验大肠埃氏菌或耐热大肠菌群。

3）菌落总数

菌落总数原称细菌总数，是指 1mL 水样在营养琼脂上有氧条件下 37℃培养 48h 后所含菌落的总数。菌落总数增多说明水体已被污染，但不能说明污染来源，也不能说明该水体传播传染病的风险程度，必须结合总大肠菌等来判断水质污染来源和安全程度。菌落总数也是考核净水处理效果的指标。

4）贾第鞭毛虫和隐孢子虫

贾第鞭毛虫和隐孢子虫是寄生于人类和动物肠道的有鞭毛的原生动物，是水介寄生虫。被人体摄取后，会出现腹泻、腹胀、疲劳、恶心、痉挛等现象。

（2）毒理指标

1）砷

砷在地壳中经常以硫化物、金属砷化物或砷酸盐的形式存在，以－3，0，＋3，＋5的氧化态存在，水中的砷以砷酸盐（＋5）为主，厌氧环境中的砷经常以亚砷酸盐（＋3）形式存在，在一些天然水源中，砷是最重要的引起健康风险的几种化合物之一。急性毒性高低次序：砷化三氢＞亚砷酸盐＞砷酸盐＞有机砷化合物，尚无证明砷是人体的必需元素，人体吸收化合砷主要通过体内代谢以甲基砷代谢产物随尿液排出体外。无机砷是致癌物，特别对皮肤、膀胱和肺部可致癌。

2）镉

水中的镉主要来自于污染排放，也可能来自镀锌管以及金属配件的杂质。日本发生"骨痛病"就是镉污染引起的。肾脏是镉毒性的主要靶器官，生物半衰期10～35年。镉及镉化合物是人类很可能的致癌物。

3）铅

水中铅主要来自工业污染或输配水含铅管道及配件。软水、酸性水是管道中铅的主要溶剂。铅可在人体内累积，主要包括对神经发育的影响、心血管疾病、肾功能损伤、高血压等，其中最主要的对神经发育的影响效应，使胎儿、婴儿和儿童成为对铅危害的最易感者。

4）汞

俗称水银，水中汞主要来源于地质溶解和工业污染，主要以无机汞形式存在。饮水中摄入无机汞的吸收率约15％。二甲基汞在胃肠道中几乎完全吸收，甲基汞和乙基汞主要中毒特征是损伤神经系统，无机汞损伤肾脏。日本的水俣病就是由于工厂排放的甲基汞污染可食用的鱼导致人群中毒的。

5）硒

水体被含硒废水污染或流经富硒、硫矿床或煤层中的水都含有各种价态硒。水中硒主要以无机的＋6、＋4、＋2价等存在。硒是人体必需元素，硒缺乏时可患多发性心肌炎和软骨营养不良，使人体免疫力下降。但过量摄入会引起硒中毒，主要症状为肠胃失调、皮肤变色、脱发、脱甲等。

6）锑

锑化合物有多种医疗用途，锑被认为是可作为焊料铅的替代品，从金属管件和设备中溶解出来的锑是饮用水中最常见的来源。水中锑的毒性与其化合物形式有关，可溶性的锑（Ⅲ）盐具有遗传毒性，没有资料证明经口摄入锑化合物具有致癌作用。

7）氟化物

水中的氟主要来源于地质矿物的溶解。氟也是一些天然水体中引起健康风险最重要的几种化合物之一。经口摄入，水溶性氟化物迅速并几乎完全被肠胃道吸收。氟是对人体有益元素，适量氟化物可预防龋齿（0.5～1.0mg/L）。但超量摄入时可致氟斑牙和氟骨症等急慢性中毒。

8）硝酸盐和亚硝酸盐

硝酸盐是氮循环的一部分，在环境中天然存在。其来源主要是农业活动、污水排放、人类与动物排泄物含氮废物的氧化等。硝酸盐限值制定主要考虑高硝酸盐的饮用水喂养婴儿，婴儿易发生高铁血红蛋白症。

9）三卤甲烷，包括三氯甲烷、二氯一溴甲烷、一氯二溴甲烷和三溴甲烷

三卤甲烷主要由饮用水消毒中的氯和原水中存在的腐殖质相互反应形成。三卤甲烷形成与氯和腐殖酸的浓度、温度、pH值和溴离子浓度都有关。人体接触三氯甲烷可以从饮用水、挥发至空气中吸入、淋浴时经呼吸和从皮肤吸收、食物摄入。三卤甲烷对人体有少量致癌性，经实验证明其对动物有致癌遗传毒性。

10）溴酸盐（使用臭氧时）

一般情况下，天然水中不含有溴酸盐，但有可能来自于工业污染。当原水含有溴化物并经过投加臭氧后会产生溴酸盐。电解含溴化物盐的次氯酸盐消毒时也会产生溴酸盐。溴酸盐对人类的致癌作用还不能肯定，溴酸盐对实验动物有致癌作用已有足够的证据。

11）氯酸盐和亚氯酸盐

氯酸盐和亚氯酸盐是饮用水二氧化氯消毒的副产物，氯酸盐（亚氯酸盐）是生产二氧化氯的原料，当反应不完全时，氯酸盐（亚氯酸盐）也会进入饮用水中。次氯酸钠溶液也会缓慢分解产生氯酸盐和亚氯酸盐，温度较高时更快。长期接触可引起血红细胞的氧化损伤。

（3）感官性状和一般化学指标

1）色度

天然水中的色度分假色和真色。水中悬浮物所造成的颜色称之假色，溶解状态的物质所产生的色为真色。色度通常是由带色有机物（腐殖质）、金属和工业废水污染造成的，因此色度也是衡量水质污染程度的重要指标之一。饮用水的色度如大于15度时多数人即可察觉，大于30度时人感到厌恶。

2）浑浊度

浑浊度是反映天然水和饮用水物理性状的指标，天然水的浑浊度是由水中含有的泥沙、黏土、有机物、微生物等微粒悬浮物质所致。饮用水浑浊度可能是由水源水中颗粒物未经充分过滤而造成，或者是输配水系统中沉积物重新悬浮起来而形成的，也可能来自某些地下水中存在的无机颗粒物或是输配水系统中生物膜的脱落。浑浊度是衡量水质良好程度的最重要指标之一，也是考核水处理设备净化效率和评价水处理技术状态的重要依据。

水的浑浊度对消毒杀菌效率产生直接的影响，浑浊度与水中的有机物含量也存在着密切的关系，浑浊度的降低意味着水体中的有机物、细菌、病毒等微生物含量相对减少，这不仅可提高消毒杀菌效果，也有利于降低卤化有机物的生成量，所以说浑浊度是评价自来水总体质量好坏的一项至关重要指标。

3）嗅和味

嗅和味可能源自天然无机和有机化学污染物、生物因素或其活动过程（如水生微生

物），也可能来自合成化学物质的污染，或因为腐蚀或水处理的结果（如氯化消毒）。嗅和味也可能因水的储存和配送过程中的微生物活动而产生。

饮用水不得有异臭或异味，是指绝大多数人在饮用时不应感到水有异臭或异味。饮用水的异臭和异味虽不能直接导致对人体健康的影响，但却是饮用水已受到污染和不安全的信号。臭味也是用户最常见的投诉项目。

4）肉眼可见物

肉眼可见物是人的眼睛能直接观察得到的杂物，包括悬浮于水中的漂浮物、动物体（如红虫）、油膜等。该指标既是外观感觉需要，也是卫生方面的要求。

5）pH 值

水的 pH 值在 6.5～9.5 的范围内并不影响人的生活饮用和健康。水在净化处理过程中，由于投加混凝剂和石灰等，可使水的 pH 值下降或升高，过低可腐蚀管道，影响水质，过高又可析出溶解性盐类并降低氯消毒的效果。根据我国实际情况，饮用水的 pH 值定为 6.5～8.5，如供水的 pH 值达不到标准要求时，应进行调整。

6）总硬度

水的硬度是由水中很多溶解的多价金属离子形成的，主要是钙、镁离子，水中除碱金属离子以外的金属离子均能构成水的硬度，如铁、铅、锰、银及锌等。较高含量钙、镁离子可能会有用户不能接受的味道。

人体对水的硬度有一定的适应性，改用不同硬度的水（特别是高硬度的水）可引起胃肠功能的暂时性紊乱，但一般在短期内即能适应。水的硬度过高可在配水系统中积垢，硬度较低的软水（小于 100mg/L）对管道的腐蚀性较大。

7）铝

自然界的铝和用作饮用水处理絮凝剂的铝盐是饮用水中铝的最常见来源。基于健康影响（铝的潜在神经毒性）推断出的准则值是 0.9mg/L。当铝的含量超过 0.1～0.2mg/L 时，会生成氢氧化铝絮状沉淀，当铁存在时，水的颜色加重，可能导致用户的投诉。为了保证最优化运行条件来防止微生物污染以及减少管网中含铝絮凝物的沉积，应控制出水中铝的含量。

8）铁和锰

铁和锰在天然水中普遍存在，是人体不可缺少的营养素。铁也会促使"铁细菌"的生长，输配水过程中会导致在水管上沉积一层泥浆状黑色的附着层。当铁、锰的浓度过高时，可使洗涤的衣物以及管道设备染上颜色。水中铁浓度高于 0.3mg/L 时，含锰量如超过 0.15mg/L 时，水就会产生金属涩味。

9）铜

铜是人体的基本需求元素。饮用水中铜来源主要有原水被工业废水污染、藻类处理剂、输配水系统铜管件的腐蚀等。饮用高浓度铜的水会引起肠胃道不良反应。饮用水中铜的限值主要是阈值的考虑，当铜浓度大于 1mg/L 时，可能使水的色度增加，衣服和卫生洁具会着色。当大于 5mg/L 时，铜也会显色并使水带有令人厌恶的苦味。水中含铜量达 1.5mg/L 时就会有明显的金属味。

10）锌

锌是人体必需微量元素。但锌摄入过多则能刺激胃、肠道，产生恶心，口服 1g 硫酸锌可引起严重中毒。天然水中含锌量很低，当水中含锌达 10mg/L 时，水是浑浊的，在 4mg/L（硫酸锌计）时水中有金属涩味。当锌的浓度超过 3~5mg/L 时，水可能会呈现乳白色并在煮沸时形成油膜。

11）氯化物

高浓度氯化物使水带有咸味。氯化物的味阈值与它结合的阳离子有关，钠、钾和钙的氯化物的味阈浓度在 200~300mg/L 之间。浓度超过 250mg/L，可能会增加味的检出，但有些消费者可能习惯于低浓度氯化物的味道。

12）硫酸盐

水中存在的硫酸盐可以产生引人注意的味道，当浓度非常高时，对敏感的消费者有致泻作用。使水的味道异常的程度随所结合的阳离子的性质而不同；味阈值范围从硫酸钠的 250mg/L 到硫酸钙的 1000mg/L。一般认为硫酸盐浓度在 250mg/L 以下时，对水味的影响不大。

13）溶解性总固体

水中溶解性总固体主要成分为钙、镁、钠的重碳酸盐、氯化物和硫酸盐等无机物。一般认为 TDS 低于 600mg/L 的水口感好或是适当的。当 TDS 水平大于 1000mg/L 时，饮用水的口感发生明显变化并越来越不好。高水平 TDS 还会在水管、热水器、锅炉和家庭用具上结出很多水垢而使消费者感到厌恶。

14）耗氧量

它反映了水中悬浮的和可溶的可被高锰酸钾氧化的那一部分有机和无机物质的量。耗氧量是反映水质受到污染的特别是有机污染的综合性指标，但不能反映水受到哪些具体的污染物。

15）挥发酚类

酚分为挥发酚与不挥发酚，在酚类化合物中，能与氯形成氯酚臭的主要是苯酚、甲苯酚、苯二酚等。（在水质检验中能被蒸馏出和检出的化合物）水中含酚主要来自工业废水污染，特别是炼焦和石油工业废水，其中以苯酚为主要成分。

酚类化合物毒性低，但因酚具有恶臭，对含酚的水进行加氯消毒时，能形成更强烈的氯酚臭，往往引起饮用者反感。

16）氨氮

水中氨氮来源于生活污水和工业废水的污染。氨氮的浓度与有机物含量、溶解氧的多少有相关性。氨氮（NH_3-N）以离子铵（NH_4^+）和非离子氨（NH_3）两种形式存在于水中，两者组成比取决于水中 pH 和水温，在酸性条件下水中氨趋向生成稳定态的铵离子。在碱性条件下，趋向于生成游离分子的非离子氨。氨在氧充足条件下，通过好氧型亚硝化菌和硝化菌作用氧化成亚硝酸盐和硝酸盐；在缺氧条件下，硝酸盐可被厌氧型反硝化菌作用还原为氨。

水中的氨氮浓度较高时，会导致水质黑臭。氨氮也是富营养化的主要因素，我国一些污染的湖泊、水库氨氮都很高从而引起藻类疯长。氨氮可衡量该水源被有机物污染的严重程度。

17）钠

饮用水中钠的含量与高血压的关系尚没有明确的定论，水中钠的味阈值约为 200mg/L，超过时，可能引起难以接受的味道。

（4）消毒剂常规指标

1）氯气及游离氯制剂

为了有效消毒，氯气及游离氯制剂与水接触时间不得小于 30min，出厂水中限值 4mg/L，出厂水中余量大于 0.3mg/L。为了保证微生物安全，管网中必须保持一定浓度的余氯量，在管网末端（用户端）余量不小于 0.05mg/L。

大多数人能尝出或闻出饮用水中远低于 5mg/L 的氯，有些人可低到 0.3mg/L。残留的游离氯浓度在 0.6～1.0mg/L 时，可能会增加某些消费者厌恶这种味道的可能性。

2）一氯胺（总氯）

采用氯胺消毒时，将氨加入氯化的饮用水时就会形成一氯胺、二氯胺和三氯胺。氯胺中最主要的是一氯胺，一氯胺的消毒效果不如氯，但可保持较长时间的余氯。氯胺的最高允许浓度是根据对大鼠的实验结果推导出来的，一氯胺的限值为 3mg/L。

3）二氧化氯

二氧化氯消毒效果比氯强，且具有较强的氧化作用，作为消毒或氧化剂得到较为广泛的应用。但存在现场制备原料价格高，安全管理要求高的问题，还有二氧化氯溶液或现场制备均会产生氯酸盐和亚氯酸盐。

第三节 水 质 评 价

水质是水体质量的简称，标志水体的物理（如色度、浑浊度、嗅和味等）、化学（各无机物、有机物及综合性指标）和生物（细菌、病毒、浮游生物等）的特性及其组成的状况。

水质评价指按照评价目标，选择适应的水质参数、水质标准和评价方法，对水体的利用价值及水的质量状况作出评定。评价对象包括水源水、出厂水、管网水以及用户龙头水。

1. 水质参数

水质评价主要是对水质参数结果的评价。一般参照评价依据的水质标准选择相应的指标进行评价。水质检验员应熟悉评价标准，了解各水质参数对水质的贡献及其意义。

（1）地表水水质评价参数

以《地表水环境质量标准》GB 3838—2002 常规指标（表 1）为主，可将水温、总氮、粪大肠菌群等指标进行单独评价。可增加嗅和味、色度等指标，根据实际地表水水质状况，选择增加附加指标（表 2）和非常规（表 3）的指标。

湖泊、水库营养化状态评价可增加叶绿素 a、藻类等指标。

（2）地下水水质评价参数

以《地下水质量标准》GB/T 14848—2017 常规指标（表 1）为主，为更好地对地下水水质进行评价分析，可补充钾、钙、镁、重碳酸根、碳酸根、游离二氧化碳指标。根据所在地的地质情况，选择增加非常规（表 2）指标。

（3）生活饮用水评价参数

《生活饮用水卫生标准》GB 5749—2006 和《城市供水水质标准》CJ/T 206—2005 中的指标。

2. 评价周期

（1）旬、月度评价

日检或月检数据，根据生产控制需要，可进行周、旬或月度的水质分析评价。

（2）年度评价

用日、月、半年、年度的检测数据进行年度水质分析评价。

3. 评价方法

（1）原水

1）进行单项指标符合性评价

采用地表水的原水应符合《地表水环境质量标准》GB 3838—2002 Ⅱ类以上标准限值要求，采用地下水的原水应达到《地下水环境质量标准》GB/T 14848—2017 Ⅲ类以上。

检测结果以标准中的类别进行评价，单项指标评价时，按指标值所在的限值范围确定水的质量类别，指标限值相同时，从优不从劣；综合评价时，按单指标评价结果最差的类别确定。

2）结合出水水质目标进行分析评价

若原水不符合水质要求，就要求采取适宜的制水工艺，以确保出水水质符合《生活饮用水卫生标准》GB 5749—2006 要求。应对可能引起出水不达标风险的指标结合制水工艺进行分析，分析基础上应提出需要采取措施的建议。

3）趋势性分析

进行流域性水质调查时，或对制水各工艺进行分析时，应对各项指标进行趋势性分析，结合同期或同比的数据情况，考虑季节、温度、降雨量、流量、水流变化等因素，对原水水质的发展趋势进行分析评价，作出一定的预测性分析。

4）对取水口所在的河流、湖库等进行水环境分析评价，可参照地表水环境质量评价办法（试行）。

（2）出厂水和管网水

出厂水和管网水水质应满足《生活饮用水卫生标准》GB 5749—2006 和《城市供水水质标准》CJ/T 206—2005 中各项指标的限值要求，目标要求为：

1）水中不得含有致病微生物。

2）水中所含化学物质和放射性物质不得危害人体健康。

3）水的感官性状良好。

目前多采用水质达标合格率统计方式进行评价。既可对单项指标符合生活饮用水卫生标准的合格率进行评价，也可按《城市供水水质标准》CJ/T 206—2005 标准要求，计算水质综合合格率，达到标准合格率要求。

第四节 饮用水处理工艺

1. 饮用水处理工艺概述

饮用水处理的任务是通过必要的处理方法去除水中杂质，使之符合生活饮用水所要求的水质。水处理方法应根据水源水质和用水对象对水质的要求确定。在饮用水处理中，有的处理方法除了具有特定的处理效果外，往往也直接或间接地具有其他处理效果，有时为了达到某一处理目的，往往几种方法联合使用。

（1）常规处理工艺

以地表水为水源的生活饮用水的常用处理工艺通常包括混凝、沉淀、过滤和消毒。处理对象主要是水中的悬浮物和胶体杂质。原水加药后，经混凝使水中悬浮物和胶体形成大颗粒絮凝体，而后通过沉淀池进行重力分离。过滤是利用粒状滤料截留水中杂质，用以进一步降低水中的浑浊度。完善而有效的混凝、沉淀和过滤，不仅能有效地降低水的浊度，对水中某些有机物、细菌及病毒等的去除也是有一定效果的。消毒是为了灭活水中致病微生物，通常在过滤后进行。主要消毒方法是在水中投加消毒剂以杀灭致病微生物。我国普遍采用的消毒剂是氯，也有采用漂白粉、二氧化氯、次氯酸钠及其他的氯消毒剂。

"混凝—沉淀—过滤—消毒"可称为生活饮用水的常规处理工艺。

（2）除臭、除味

这是饮用水净化中的特殊处理方法。当原水中臭和味严重而采用常规处理工艺不能达到水质要求时方才采用，除臭、除味的方法取决于水中臭和味的来源。例如，对于水中有机物所产生的臭和味，可用活性炭吸附或氧化法去除；对于溶解性气体或挥发性有机物所产生的臭和味，可采用曝气法去除；因藻类繁殖而产生的臭和味，可采用微滤机或气浮法去除；因溶解盐类所产生的嗅和味，可采用适当的除盐措施去除。

（3）除铁、除锰和除氟

当原水中的铁、锰含量超过生活饮用水卫生标准时，须采用除铁、锰技术。常用的除铁、锰方法是：自然氧化法和接触氧化法。前者通常设置曝气装置、氧化反应池和砂滤池；后者通常设置曝气装置和接触氧化滤池。工艺系统的选择应根据是否单纯除铁还是同时除铁、锰，原水中铁、锰含量及其他有关水质特点确定。除了上述方法，还可采用药剂氧化、生物氧化法及离子交换法等。通过前述处理方法（离子交换法除外），使溶解性二价铁和锰分别转变成三价铁和四价锰沉淀物而去除。

（4）预处理和深度处理工艺

对于不受污染的天然地表水而言，饮用水的处理对象主要是去除水中悬浮物、胶体和致病微生物，对此，常规处理工艺是十分有效的。但对微污染水源而言，水中溶解性的有机物及氨氮是常规处理方法难以解决的。因此，出现了预处理和深度处理工艺，前者置于常规处理前，后者置于常规处理后，即：预处理＋常规处理或常规处理＋深度处理。

预处理方法主要有：粉末活性炭吸附法、臭氧或高锰酸钾氧化法、生物接触氧化法等，各种预处理法除了去除水中有机污染物外，还具有除味、除臭及除色作用。

深度处理主要有以下几种方法：活性炭吸附法、臭氧活性炭联用法（也称生物活性炭法）、膜过滤法等。其中臭氧活性炭联用法在我国应用较多。实践表明，采用臭氧活性炭联用技术对去除水中微量有机污染物，降低 COD_{Mn} 和水中的臭味十分有效。

2. 常规处理工艺

饮用水处理中，常规处理工艺是应用最早且应用最广的一种处理工艺，下面先介绍一下常规处理工艺。

（1）混凝

混凝阶段所处理的对象，主要是水中悬浮物和胶体杂质。在给水处理中，向原水投加混凝剂，以破坏水中胶体颗粒的稳定状态，在一定水力条件下，通过胶粒间以及和其他微粒间的相互碰撞和聚集，从而形成易于从水中分离的絮体物质的过程，称为混凝。

1）混凝的基本原理

水处理中的混凝现象比较复杂，不同种类混凝剂以及不同的水质条件，混凝剂作用机理都有所不同。多年来，水处理专家从铝盐和铁盐混凝现象开始，对混凝剂作用机理进行了不断研究，理论也获得不断发展。比较一致地认为混凝剂对水中胶体粒子的作用有三种：电性中和、吸附架桥和网捕卷扫。这三种作用究竟以何者为主，取决于混凝剂种类和投加量、水中胶体粒子性质和含量以及水的 pH 值等。这三种作用有时会同时发生，有时仅其中 1～2 种起作用。

2）混凝剂和助凝剂

为使胶体失去稳定性和脱稳胶体相互聚集所投加的药剂称为混凝剂。为改善絮凝效果所投加的辅助药剂称助凝剂。

① 混凝剂

常用的混凝剂可分为铝盐和铁盐两大类，各种混凝剂的主要性能简述如下：

A. 硫酸铝 [$Al_2(SO_4)_3 \cdot 18H_2O$]

硫酸铝是应用较广的混凝剂，净化效果较好，一般来讲，投加量适当，对处理后水质无不良影响，但在低温时期，其水解速度缓慢，所形成的絮体松散，对低温低浊水处理效差。

B. 聚合氯化铝 [$Al_2(OH)_nCl_{6-n}]_m$

聚合氯化铝是种无机高分子聚合物，吸附能力强，形成的矾花体大而密实，易于沉降，投加量低，混凝效果好，混凝过程中消耗水中碱度较小，而且适应 pH 值范围较硫酸铝宽（pH＝5.0～9.0）。

C. 硫酸亚铁 [$FeSO_4 \cdot 7H_2O$]

硫酸亚铁是半透明的绿色结晶颗粒，又称绿矾，使用时受水温影响较小，容易形成重而易沉的矾花，一般常与助凝剂配合使用，效果更好。较适用于浊度高，碱度高和 pH 值为 8.1～9.0 的原水。如原水色度较高，常规处理时则效果明显下降，不宜采用。

D. 三氯化铁 [$FeCl_3 \cdot 6H_2O$]

固体三氯化铁是具有金属光泽的黑褐色结晶体，比重大，易溶解，残渣少，混凝过程中形成的矾花体大而密实，沉降速度快，对低温低浊水的处理效果比铝盐好，适于处理浊度较高和水温较低的原水，pH 值适用范围为 6.5～8.5。三氯化铁腐蚀性很强，液体三氯化铁的贮存、投加设备应做防腐处理。

② 助凝剂

当单独使用混凝剂不能取得理想的净水效果时，需要投加某种辅助药剂以提高混凝效果，这种辅助药剂称为助凝剂。常用的助凝剂分四类：

A. 酸碱类——用以调整水的 pH 值和碱度，以满足混凝过程的需要。因为混凝剂投入水中后，必须和水中碱度起化学作用，才能产生氢氧化铝或氢氧化铁胶体，最后出现矾花，当原水碱度不足时，必须投加石灰、烧碱等碱性物质以提高混凝效果。

B. 氧化剂类——如氯等，用以破坏影响混凝的有机物和将二价铁氧化成三价铁，以促进凝聚作用。当处理高色度水和破坏水中有机胶体，或去除臭味时，可在投加混凝剂之前加氯，以减少混凝剂用量。

C. 矾花核心类——用以增加矾花的重量和强度，如投加黏土及在水温低时投加活化硅酸等。活化硅酸在加混凝剂之前投加，与铁盐或铝盐混凝剂配合使用，可缩短混凝沉淀时间，节省混凝剂用量。

D. 高分子化合物类——如从海草或海带中提炼的海藻酸钠，对于处理浊度稍大的原水（约 200NTU），助凝效果较好，但当原水浊度较低时（约 50NTU），助凝效果有所下降。还有用骨胶作为助凝剂，骨胶是粒状或片状动物胶，无毒、无腐蚀性，能溶于水，对水质没有不良影响。骨胶和三氯化铁或硫酸铝配合使用，都能取得良好净水效果，混凝剂用量可减少。

处理高浊度水时，用聚丙烯酰胺作为助凝剂，效果显著，既可减少混凝剂用量，又可保证水质。但因其单体毒性问题在给水净化处理中，使用受到了一定的限制。

3）影响混凝效果的因素

影响混凝效果的因素很多，但以水力条件、pH 值、水温、碱度和混凝剂投加量最为主要。

① 水力条件

混凝过程中良好的水力条件，能够提高混凝的效果。

A. 混合

混合要求快速、充分。因为混凝剂水解作用的时间极为短促，混凝剂加入水中后是否能以最快的速度同整个原水充分混合，直接关系到混凝效果的好坏。缓慢、不恰当的混合将导致投药量增加、反应效果不好。一般混合时间要求为 10～30s。

B. 絮凝

要控制好流速。絮凝池的流速一般要求由大变小，在较大的流速下，使水中的胶体颗粒发生较充分的碰撞吸附；在较小的流速下，使胶体颗粒能结成较大的絮粒。充分的絮凝时间和必要的速度梯度。所谓速度梯度就是水在絮凝水中流动时，靠近池壁、池底的流速或靠近中心或水面的流速是不同的，在非常靠近的两层水流之间的流速差就叫速度梯度，用"G"表示，G 值大，颗粒相互碰撞的机会就增多，混凝效果就好些，但 G 值过大也不好，因为两层水流间的流速相差过大，势必产生较大的剪力，已经絮凝的大絮体因剪力而破碎，絮体破碎要重新结合起来就比较困难了。同时，絮凝时间对混凝效果也有很大影响，絮凝时间长则颗粒的碰撞机会就多。所以絮凝效果决定于 GT 值，它包含流速和时间两个因素。

② pH 值

pH 值对混凝的影响很大。混凝剂加入水体后要形成氢氧化物才能起混凝作用。但氢氧化物能否以胶体状态存在于水中，与水的 pH 值有关。例如氢氧化铝，当水的 pH≤4 时，就溶解成 Al^{3+} 了，铝离子是不能起吸附架桥作用的，混凝效果就不好。只有当 pH 值在 6.5～7.5 时，氢氧化铝的溶解度最小，水中就有条件形成大量的氢氧化铝胶体，混凝效果就好。但当 pH 值再大些，例如 pH≥8.5 时，氢氧化铝又溶解成铝酸离子，这时混凝效果又很差了。其他混凝剂如铁盐也是如此。因此，在水处理中要经常测定 pH 值，并设法加以控制在最佳范围内，对保证混凝效果至关重要。

③ 水温

水温低，水的黏度也小，颗粒下降阻力增加，絮体不易下沉；水温低，化学反应速度慢，影响混凝剂的水解，水中杂质和氢氧化物胶体之间彼此碰撞机会也减少。所以水温对混凝效果有明显影响。提高低温水的混凝效果，常用办法是适当增加混凝剂投加量或投加助凝剂。

④ 碱度

碱度是指水中能与强酸相作用的物质含量，在水中主要指重碳酸根（HCO_3^-）、碳酸根（CO_3^{2-}）、氢氧根（OH^-）等。

混凝剂投入水中后由于水解作用，氢离子的数量就会增加。如果这时水中有一定的碱度去中和，pH 值就不会降低。所以在水中缺碱度时必须向水中投加石灰等碱性物质，以提高水的 pH 值。

⑤ 其他

混凝剂的品种、投加量、配制浓度、投加方式等也影响混凝效果。确保混凝效果的有效办法是科学管理，掌握原水变化，正确地投加混凝剂，经常观察絮体生成状况以取得最佳混凝效果。

（2）沉淀与澄清

1）沉淀

悬浮的固体颗粒依靠自身的重力从水中分离出来的过程称为沉淀。使颗粒依靠自身重力从流动的水流中分离出来的构筑物称为沉淀池。

按沉淀池的水流方向可分为竖流式、平流式和辐流式。由于竖流式沉淀池表面负荷小，处理效果差，在饮用水处理中基本上不被采用。辐流式沉淀池多采用圆形，池底做成倾斜，水流从中心流向周边，流速逐渐减小，辐流式沉淀池主要被用作高浊度水的预沉池。

目前水厂中常用的沉淀池主要是平流式沉淀池和斜管（斜板）沉淀池。斜管（斜板）沉淀池又有侧向流、同向流、异向流之分，但使用较多的是异向流沉淀池。

2）澄清

澄清池是利用池中积聚的泥渣与原水中杂质颗粒相互接触、吸附，以达到清水较快分离的净水构筑物。

澄清池按泥渣的情况，一般分为泥渣循环（回流）和泥渣悬浮（泥渣过滤）等形式。泥渣循环（回流）型常见的形式为机械搅拌澄清池、水力循环澄清池；泥渣悬浮型常见的形式为脉冲澄清池和悬浮澄清池。

（3）过滤

原水经过混凝沉淀后，只有经过过滤和消毒才能达到国家生活饮用水卫生标准。水流通过粒状材料或多孔介质以去除水中杂物的过程称过滤，用以进行过滤的材料称为滤料。滤料一般有石英砂、无烟煤、重质矿石等。滤池通常置于沉淀池或澄清池之后，只有当原水水质较好时，才可采用原水直接过滤。过滤是地表水常规处理中最重要的环节，是不能省略的工序，其效果好坏直接影响到出厂水水质。

1）过滤机理

过滤的机理主要涉及两个过程，一个是颗粒脱离水流流线，从孔隙中向滤料颗粒表面迁移的机理；另一个是颗粒接近或接触到滤料颗粒时在滤料表面的吸附机理。

2) 滤池分类

滤池有不同的分类方式：

A. 按滤速大小可分为：快滤池（>5m/h）、慢滤池（0.1～0.2m/h）。

B. 按过滤流向可分为：上向流滤池、下向流滤池。

C. 按控制方式可分为：普通快滤池（单阀、双阀、四阀、鸭舌阀等）、无阀滤池、虹吸滤池、移动罩滤池、V型滤池、翻板滤池。

D. 按滤料和滤料的组合可分为：单层滤料滤池、双层滤料滤池、三层滤料滤池。

E. 按冲洗方式可分为：单纯水冲洗、气水反冲洗滤池。

20世纪80年代尤其20世纪90年代以后大量使用的是V型滤池（均质滤料，气水反冲洗），近年来也开始采用翻板滤池。

（4）消毒

水中微生物往往会粘附在悬浮颗粒上，因此，饮用水处理中的混凝沉淀和过滤在去除悬浮物、降低水的浊度的同时，也去除了大部分微生物（包括病原微生物）。但尽管如此，消毒仍必不可少，它是生活饮用水安全、卫生的最后保障。

水消毒的方法很多，包括氯及氯化物消毒、臭氧消毒、紫外线消毒等。目前采用加氯消毒的方法最为普遍，因为氯的消毒能力强，使用方便，应用历史最久。

1) 氯消毒原理

氯易溶于水，常温下，当氯溶解在清水中时，下列两个反应几乎瞬时发生：

$$Cl_2 + H_2O \Longleftrightarrow HClO + HCl \tag{1-1}$$

次氯酸是种弱电解质，它按式1-2离解成 H^+ 和 ClO^-：

$$HClO \Longleftrightarrow H^+ + ClO^- \tag{1-2}$$

对于消毒机理，近代认为，次氯酸 HClO 起了主要的消毒作用。众所周知，细菌表面带有负电荷，离子状态的 ClO^- 由于同性电斥力而很难靠近细菌表面，因此消毒效果很差。次氯酸 HClO 是分子量很小的中性分子，只有它才能很快地扩散到细菌表面，并透过细胞壁和细胞内部的酶发生作用，从而破坏酶的功能。

当水中有氨氮存在时，氯加入水中时发生的反应如下：

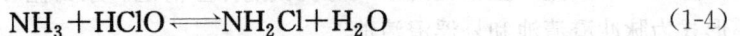

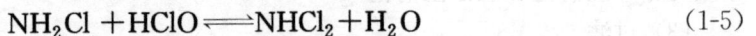

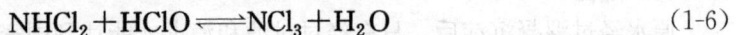

$$Cl_2 + H_2O \Longleftrightarrow HClO + HCl \tag{1-3}$$
$$NH_3 + HClO \Longleftrightarrow NH_2Cl + H_2O \tag{1-4}$$
$$NH_2Cl + HClO \Longleftrightarrow NHCl_2 + H_2O \tag{1-5}$$
$$NHCl_2 + HClO \Longleftrightarrow NCl_3 + H_2O \tag{1-6}$$

从上述反应可见：次氯酸（HClO）、一氯胺（NH_2Cl）、二氯胺（$NHCl_2$）和三氯胺 NCl_3 都存在，它们的含量比例取决于氯、氨的相对浓度、pH值和温度。一般地，当pH值大于9时，一氯胺占优势；当pH值为7.0时，一氯胺和二氯胺同时存在，近似等量；当pH值小于6.5时，主要是二氯胺；而三氯胺只有在pH值低于4.5时才存在。

从消毒效果而言，水中有氯胺时，仍然可理解为依靠次氯酸起消毒作用。从上式可见，只有当水中的 HClO 因消毒而消耗后，反应才向左进行，继续产生消毒所需的 HClO。因此氯胺时，消毒作用比较缓慢，需要较长的接触时间。

水中所含的氯以氯胺形式存在时，称为化合性氯或结合氯。自由性氯的消毒效能比化合性氯要高得多。为此，可以将氯消毒分为两大类：自由性氯消毒和化合性氯消毒。近几年，次氯酸钠消毒应用越来越多，从本质上讲，次氯酸钠消毒依靠的也是次氯酸。

2）加氯量

水中加氯量，可以分为两部分，即需氯量和余氯。需氯量指用于灭活水中微生物、氧化有机物和还原性物质等所消耗的部分。为了抑制水中残余病原微生物的再度繁殖，管网中尚需维持少量剩余氯。

一般地，水厂设计加氯量根据试验或相似条件下水厂的运行经验，按最大用量确定，并应使水中余氯量符合国家饮用水标准的要求。

3）其他常用的消毒剂

① 漂白粉与漂粉精

漂白粉主要成分是氢氧化钙、氯化钙、次氯酸钙，有效氯含量为 $25\%\sim30\%$；漂粉精的化学分子式为 $Ca(ClO)_2$，有效氯含量为 $60\%\sim70\%$。漂白粉和漂粉精都是白色的粉末，有刺鼻的氯气味，很容易受热、光和潮湿的影响，使含氯量降低，所以必须储藏在阴凉、干燥和通风良好的地方，并按照先到先用的原则，不宜久存。一般适用于小型水处理厂及临时消毒使用。

② 次氯酸钠

次氯酸钠俗称漂白液，化学分子为 $NaClO$，有效氯含量为 $5\%\sim10\%$，次氯酸钠通过电解饱和食盐水制得，电解反应为：

$$NaCl+H_2O \Longleftrightarrow NaClO+H_2\uparrow \tag{1-7}$$

次氯酸钠可用发生器现场电解制得，也可直接购买次氯酸钠成品使用。

次氯酸钠消毒比较安全，一般适用于分散式的地下水和小型水处理部门使用，如果有条件，为了安全，大型水厂也可采用。

③ 二氧化氯

二氧化氯的化学分子式为 ClO_2，在常温下是种深绿色的气体，具有与氯相同的嗅味，比氯的刺激性和毒性还强。二氧化氯化学性质活泼，易溶于水，其溶解度为氯的 5 倍。氧化能力为游离余氯的 2 倍，是一种具有选择性的强氧化剂，杀菌能力很强，在水处理中，其消毒效果不受 pH 值的影响。其不与氨反应，适用于含氨及氮化合物的原水，同时能破坏酚类并可排除因苯酚氯化后所引起的氯酚嗅和味。当原水中有机物含量高时，采用二氧化氯消毒，不会产生有致癌作用的有机卤化物（如 $CHCl_3$ 等）。

二氧化氯不能贮存，也不能压缩装运，一般是现场制备使用，价格较贵。二氧化氯的制备是以亚氯酸钠（$NaClO_2$）为主要原料与氯气、盐酸、次氯酸反应均能制得，在制备时，因配比不当或操作有误时存在引起爆炸的危险。

④ 臭氧

臭氧的化学分子式为 O_3，是 O_2 的同素异型体，是以氧气或空气为原料，在发生器内通过高电压产生的静电场，靠电子冲击 O_2 而制得。臭氧是种极不稳定的淡兰色气体，在常温常压下可自行分解为氧气。

臭氧的氧化能力极强，它不但能杀灭一般细菌，而且对病毒、芽孢等也有很大的杀灭效果。采用臭氧消毒，不受水中 pH 值和氨氮的影响，并对水中有机物质、铁、锰、嗅、味及色度也有良好去除效果。但在管网中不能保持剩余量继续杀菌，因此在出厂水中还应补加氯。由于臭氧发生装置复杂，耗电量大，成本高，又容易分解，不能贮存，国内水厂除特殊需要外，仍然以氯消毒工艺为主。

3. 预处理工艺

一般预处理包括化学预氧化、生物预处理及粉末活性炭吸附等。

（1）化学预氧化

化学预氧化是利用氧化势较高的氧化剂来氧化分解或转化水中污染物，从而削弱污染物对常规处理工艺的不利影响，强化常规处理工艺的除污效能。化学预氧化的目的主要为去除水中有机污染物和控制氯化消毒副产物，从而保障饮用水的安全性。此外预氧化还有除藻、除臭和味、除铁锰和氧化助凝等方面的作用。目前用于饮用水处理的氧化剂主要有臭氧、高锰酸盐、氯、二氧化氯等。

（2）生物预处理

饮用水生物预处理是指在常规净水工艺前增设生物处理工艺，借助微生物的生命活动（氧化、吸附、生物絮凝、硝化、生物降解等），对水中的氨氮、有机污染物、亚硝酸盐、铁、锰等污染物进行初步的去除，减轻常规处理和深度处理的负荷。在这些微生物中，对净化水质起主要作用的绝大多数属于贫营养型微生物，具有世代时间长，繁殖缓慢的特性。为了保证处理效果，必须有足够的生物量，因而绝大多数生物预处理都采用生物膜法。目前采用的较多的是生物接触氧化法。

（3）粉末活性炭吸附技术

粉末活性炭以其优良的吸附性能，可吸附去除原水中的大量低分子量有机物（其中相当部分为消毒副产物的前体物），特别是对水中的臭味、色度等有较好的去除效果，投加不需要增加特别的构筑物，应用灵活，尤其适合于水质季节性变化大、有机污染较为严重的原水预处理。

粉末活性炭一般有三种投加点，一是在取水头部，二是在吸水井，三是在絮凝初期，有条件时应尽可能延长粉末活性炭的吸附时间，以提高吸附效率。

4. 深度处理工艺

饮用水深度处理工艺通常是在常规处理工艺的基础上，采用适当的方法，将常规工艺不能有效去除的微量有机物、氨氮或消毒副产物的前体物加以去除，或是进一步提高出水的浊度及生物安全性，从而提高和保障饮用水水质的安全。

（1）臭氧活性炭处理工艺

利用臭氧氧化、颗粒活性炭吸附和生物降解所组成的净水工艺称臭氧生物活性炭处理，也称生物活性炭法（BAC）。

活性炭孔隙丰富，在炭的内部存在着大量微小孔隙，构成了巨大的孔表面积，对水中非极性、弱极性有机物质有很好的吸附能力，但存在两个问题：一是对大分子有机物吸附能力有限，二是吸附周期较短。而臭氧是种强氧化剂，它不仅能破坏细菌和病毒的结构，是很好的杀菌剂，而且能将大分子有机物分解成小分子有机物，臭氧本身还含有大量溶解氧。将臭氧和活性炭联合处理，先投加臭氧后经过活性炭吸附，在活性炭周围形成生物膜，使臭氧分解产生的许多中间氧化物得到去除，从而大大增加活性炭的使用周期，取得较好的处理效果。目前臭氧活性炭联用技术在国内已有较大范围的应用。

（2）膜处理工艺

膜处理工艺中，微滤可去除悬浮物和细菌，超滤可大分子和病毒，纳滤可去除部分硬度、重金属和农药等化合物，反渗透几乎可除去各种杂质。目前饮用水厂中，超滤的应用较多，其他的膜处理工艺还较少，但是纳滤由于能去除大部分有机物、微生物和病毒，因此，应用的前景较好。

第二章

水质分析基础知识

第一节　玻璃仪器及其他器皿

1. 玻璃仪器

玻璃仪器是水质检验分析最常用的仪器，因为玻璃有较好的化学稳定性和热稳定性，有很好的透明度，同时具有一定的机械强度和良好的绝缘性能。

普通玻璃因耐温、硬度和耐腐蚀性差，多制成不需加热的仪器。当普通玻璃中加入 B_2O_3、Al_2O_3、ZnO 等物质，改变了普通玻璃的性质，这种玻璃具有较好的热稳定性、耐酸性和耐水性，适合于制成各种直接加热的玻璃仪器。

目前，国内一般将化学分析实验室中常用的玻璃仪器按它们的用途和结构特征，分为以下八类：

（1）烧器类仪器（图 2-1）

指能直接或间接地进行加热的玻璃仪器，一般用硬质玻璃制成。如烧杯、烧瓶、试管、锥形瓶、碘量瓶、蒸发器等。

1）烧杯

供配制和加热试剂使用。作为反应容器使用时，反应液体不能超过烧杯容积的 2/3。

2）锥形瓶

用于滴定操作，或加热试剂（为了避免液体快速挥发）。振荡方便，多用于滴定操作中。

为防止液体蒸发或固体升华的损失，常采用有磨口塞的锥形瓶或碘量瓶。加热具塞锥形瓶时应打开瓶塞。溶液不能超过锥形瓶容积的 2/3。

3）烧瓶

用于蒸馏或制备反应。

4）溶解氧瓶

用于测量水中溶解氧的含量。

（2）量器类仪器（图 2-2）

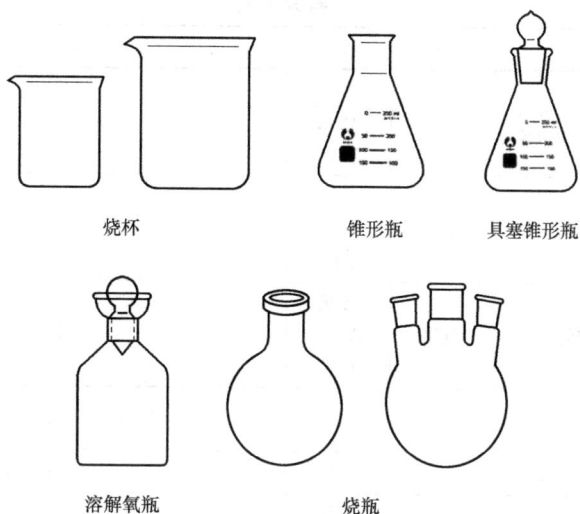

烧杯　　　　　　　锥形瓶　　　　具塞锥形瓶

溶解氧瓶　　　　　　　　烧瓶

图 2-1　烧器类仪器

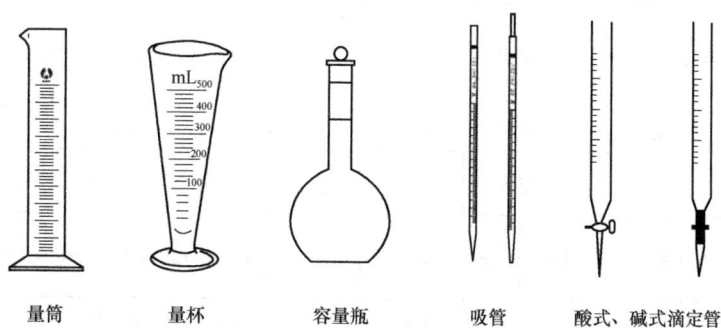

量筒　　　　量杯　　　　容量瓶　　　吸管　　　酸式、碱式滴定管

图 2-2　量器类仪器

量器类是指用于准确测量或粗略量取液体体积的玻璃仪器。用普通玻璃制成，不宜在火上直接加热，按用途可分为量入式和量出式。A 级和 B 级表示质量等级。A 级和 B 级的划分是根据仪器的准确等级确定。

1）量筒和量杯

用于量取一定体积的液体，一般不用于准确定量。

2）量瓶（容量瓶）

用于配制标准溶液和定容实验，是精确的量入用量器；棕色容量瓶用于制备避光保存的溶液。

3）吸管（移液管）

分为分度吸管和无分度吸管（也叫单刻度移液管或胖肚吸管），是一种精确的量出用量器。用于精确地移取一定体积的液体。

吸管是一种具有精确刻度的量器，不能放在烘箱中高温烘干，也不能高温加热。

4）滴定管

用于容量分析，分为酸式滴定管和碱式滴定管。滴定溶液时一般采用 A 级滴定管，并经过校正。

量器分类表　　　　　　　　　　　　　　表 2-1

量器名称		用途	级别	标准容量（mL）
滴定管	不具塞、具塞、侧边活塞和三路活塞滴定管	量出	A 级 A2 级 B 级	5；10；25；50；100
	自动定零位滴定管	量出	A 级 A2 级 B 级	5；10；25；50
	微量滴定管	量出	A 级 A2 级 B 级	1；2；5；10
无分度吸管（一条或二条线的）		量出	A 级 B 级	1；2；3；5；10；15；20；25；50；100
分度吸管	完全流出式吸管 快流速	量出	B 级	1；2；5；10
	完全流出式吸管 慢流速	量出	A 级 A2 级 B 级	1；2；5；10；25；50
	不完全流出式吸管	量出	A 级 A2 级 B 级	0.1；0.2；0.25；0.5；1；2；5；10；25；50
	吹出式吸管	量出	B 级	0.1；0.2；0.25；0.5；1；2；5；10
量瓶		量入	A 级 B 级	5；10；25；50；100；200；250；500；1000；2000
量筒（具塞、不具塞）		量入	B 级	5；10；25；50；100；250；500；1000；2000
		量出		
量杯		量出	B 级	5；10；20；50；100；250；500；1000；2000

注：量器依据其容量允差和水的流出时间（滴定管、吸管）决定的，所以分为 A 级、A2 级、B 级。一般在量器上标出"A"和"B"等字样。

（3）瓶类仪器（图 2-3）

试剂瓶　　　　　　　称量瓶　　　　　　　洗瓶

图 2-3　瓶类仪器

瓶类是指用于存放固体或液体化学药品、化学试剂、水样等的容器。如试剂瓶、广口瓶、细口瓶、称量瓶、滴瓶、洗瓶等。

1）试剂瓶

用于盛装试剂，棕色瓶用于贮存需避光保存的试剂。

① 从形状上分

广口瓶：用于盛放固体样品，采集盛放检测微生物学指标的水样。

细口瓶：盛放液体试剂、溶剂。

② 按瓶口分

磨口瓶：不能盛放碱性试剂，也不能盛放易结晶的浓盐试剂。

非磨口瓶（配有橡皮塞或软木塞）：用于盛放碱性试剂或浓盐试剂。

2）称量瓶

主要用于使用天平以减量法称取一定质量的试样，也可用于烘干试样。称量瓶平时应洗净、烘干，存放在干燥器内以备使用，在磨口处垫一小纸，以方便打开盖子。

称量瓶在烘箱中烘烤时不得将磨口瓶塞盖紧，在干燥器中冷却时应将瓶塞盖好。

3）洗瓶

洗瓶是化学实验室中用于装清洗溶液的一种容器，并配有发射细液流的装置。

（4）管、棒类管仪器（图2-4）

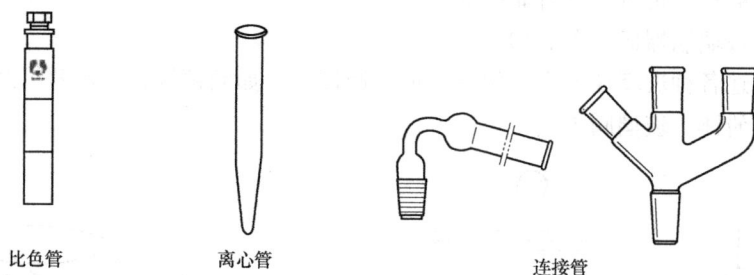

比色管　　　　离心管　　　　　　　　连接管

图2-4　管、棒类管

按其用途分有冷凝管、分馏管、离心管、比色管、虹吸管、连接管、搅拌棒等。

1）试管

用于定性实验，以及用作微生物接种培养和保存菌种。可直接在火上加热试管内的液体。

2）比色管

用于比色分析。

注：用于目视比色的比色管的玻璃应具有相同的底色和透明度，管壁厚度相同、直径相等、刻度线的高度一致，以减小误差；且管底质量均一，无焦渣。

3）离心管

与离心机配套使用。

（5）有关气体操作使用的仪器

指用于气体的发生、收集、贮存、处理、分析和测量等的玻璃仪器。如气体发生器、洗气瓶、气体干燥瓶、气体的收集和储存装置、气体处理装置和气体的分析、测量装置等。

（6）加液器和过滤器类仪器（图2-5）

主要包括各种漏斗及与其配套使用的过滤器具。如漏斗、分液漏斗、布氏漏斗、砂芯漏斗、抽滤瓶等。

（7）标准磨口玻璃仪器

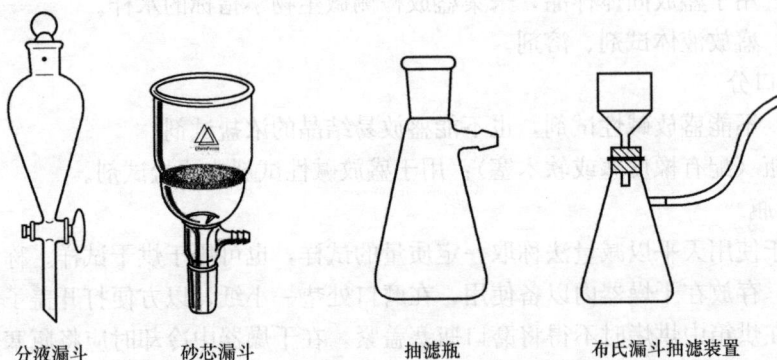

分液漏斗　　　　砂芯漏斗　　　　抽滤瓶　　　布氏漏斗抽滤装置

图 2-5　加液器和过滤器类仪器

指具有磨口和磨塞的单元组合式玻璃仪器。上述各种玻璃仪器根据不同的应用场合，可以具有标准磨口，也可以具有非标准磨口。

（8）其他玻璃制器皿（图 2-6）

是指除上述各种玻璃仪器之外的一些玻璃制器皿。如酒精灯、干燥器、结晶皿、表面皿、蒸发皿、研钵、玻璃阀等。

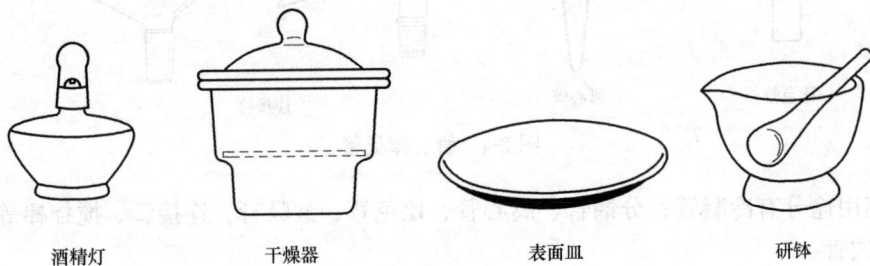

酒精灯　　　　干燥器　　　　表面皿　　　　研钵

图 2-6　其他玻璃制器皿

2. 其他器皿及用品

实验室中除了需要使用到大量的玻璃仪器和器皿外，还会用到一些其他器皿。

（1）其他器皿

1）研钵

实验中研碎实验材料的容器，配有钵杵。常用的为瓷制品，也有由玻璃、铁、玛瑙、氧化铝等材料制成的研钵，用于研磨固体物质或进行粉末状固体的混合。

2）瓷质器皿

坩埚：用于熔化和精炼金属液体以及固液加热、反应的容器。

蒸发皿：用于蒸发浓缩溶液的器皿。

布氏漏斗：用于使用真空或负压力抽吸进行过滤的漏斗。

3）石英制品

石英制品：比色皿、石英管。石英比色皿可用于紫外和可见光区的分析；玻璃比色皿只能用于可见光区的分析。

4）金属器皿

主要为各类金属坩埚。

铂坩埚：铂的熔点 1773.5℃，用于烧灼及称量沉淀，用于碱熔法分解样品等。

银坩埚：适用于碱熔法分解样品，温度不可超过 600℃。

镍坩埚：镍的熔点 1455℃，镍坩埚用于 KOH、NaOH 碱熔法分解样品。

铁坩埚：铁易生锈，耐腐蚀性不如 Ni，实验时会带入较大量的铁，应考虑它对测定结果的干扰。

（2）其他用品

其他用品是指与玻璃器皿、瓷质器皿等配套使用的台架、夹持工具等物品。如比色管架、试管架、漏斗架、滴定管夹、滴定台、铁架台、坩埚钳、弹簧夹、螺旋夹、煤气灯、酒精灯、坩埚钳等。

3. 玻璃仪器的洗涤及保管

实验室使用的各种玻璃仪器、器皿是否干净，会直接影响实验结果的可靠性与准确性，所以保证所使用的玻璃仪器干净是十分重要的。

（1）常用洗涤剂及适用范围

肥皂、洗衣粉、去污粉、洗洁精：用于能用毛刷直接刷洗的仪器。如烧杯、试剂瓶、三角烧瓶等。

酸性或碱性洗液：用于不能用或不便用毛刷刷洗的仪器。如滴定管、移液管、容量瓶、比色皿等。

有机溶剂：根据不同的污染物，选用不同的有机溶剂清洗。

（2）常用洗液的配制及注意事项

1）强酸氧化剂洗液：用重铬酸钾（$K_2Cr_2O_7$）和浓硫酸（H_2SO_4）配成。$K_2Cr_2O_7$ 在酸性溶液中，有很强的氧化能力，对玻璃仪器侵蚀作用又很小，所以这种洗液在实验室内使用最广泛。

注：①配制时不能将冷却的 $K_2Cr_2O_7$ 溶液加入到浓 H_2SO_4 中，一定要把浓 H_2SO_4 加入到 $K_2Cr_2O_7$ 溶液中。②在使用时要切记注意不能溅到身上，以防"烧"破衣服和损伤皮肤。③从酸洗液中捞取仪器时，应戴耐酸碱乳胶手套。第一次用少量水冲洗刚浸洗过的玻璃仪器后，废水不应倒入水池和下水道，长久会腐蚀水池和下水道，应倒在废液缸中，按规定统一处理。④洗液可反复使用，洗液变为黑绿色时，说明已无氧化洗涤能力，可弃去。

2）酸性草酸或酸性盐酸羟胺洗液：适用于洗涤氧化性物质。如沾有 MnO 的器皿。

3）HNO_3 溶液：洗涤测定金属离子的玻璃仪器，使用（1+1）～（1+9）HNO_3 溶液浸泡，然后进行常法洗涤。

注：①测 Fe 的仪器不能用铁丝柄毛刷刷洗；②测 Zn、Fe 的玻璃仪器酸泡后不能用自来水冲洗；③测氨和碘的仪器洗净后应浸泡在纯水中。

4）碱性乙醇洗液：用于洗涤油脂、焦油、树脂沾污的仪器。

5）碱性高锰酸钾洗液：用于清洗油污或其他有机物质，洗后容器沾污处有褐色二氧化锰析出，可用工业盐酸或草酸洗液、硫酸亚铁、亚硫酸钠等还原剂去除。

6）碘-碘化钾洗液：用于洗涤硝酸银黑褐色残留污物。

7）有机溶剂：苯、乙醚、丙酮、二氯乙烷、氯仿、乙醇等可洗去油污或溶于该溶剂的有机物质。使用时应注意安全，注意溶剂的毒性与可燃性。

（3）玻璃仪器的洗涤

仪器洗涤的方法一般是用各种刷子刷洗。

1）用水洗刷

既可使水溶性物质溶解除去，也可以洗去附在仪器上的灰尘和促使不溶物脱落，是一种最简单而又经常用的洗涤方法。

① 洗刷仪器时，应首先将手用肥皂洗净，免得手上的油污附在仪器上，增加洗刷的难度。

② 如仪器长久存放附有尘灰，先用清水冲去，再按要求选用洁净剂洗刷或洗涤。

③ 如用去污粉，将刷子蘸上少量去污粉，将仪器内外全刷一遍，再边用水冲边刷洗至肉眼看不见有去污粉时，用自来水洗数次，再用蒸馏水冲洗 3 次。

④ 清洗干净的玻璃仪器，应该以挂不住水珠为度。若仍能挂住水珠，需重新洗涤。

⑤ 用蒸馏水冲洗时，要用顺壁冲洗方法并充分振荡。

⑥ 进行荧光分析时，玻璃仪器应避免使用洗衣粉洗涤（因洗衣粉中含有荧光增白剂，会给分析结果带来误差）。

2）用合成洗涤剂或肥皂液洗

用毛刷蘸取洗涤剂少许，先反复刷洗，然后边刷边用自来水冲洗，直到当倾去水后，器壁不再挂水珠时，再用少量蒸馏水或去离子水分多次洗涤，洗去所沾自来水。

3）用铬酸洗液洗

一些口小、管细的仪器很难用其他方法洗涤，可用铬酸洗液洗。待洗的仪器内加入少量铬酸洗液，倾斜并慢慢转动仪器，让仪器内壁全部为洗液湿润，转动几圈后，把铬酸洗液倒回原瓶内，然后用蒸馏水冲洗几次。

4）用于痕量分析的玻璃仪器的洗涤

要求洗去所吸附的微量杂质离子。这就须把洗净的玻璃仪器用优级纯的（1＋1）HNO_3 或 HCl 浸泡几十个小时，然后用去离子水洗净。

5）砂芯玻璃滤器的洗涤

应以热浓盐酸或铬酸洗液浸泡，或边抽滤边清洗，再用蒸馏水洗净。

（4）玻璃仪器的干燥

① 倒置控干：常用仪器只需将仪器洗净、倒置晾干。

② 烘干：洗净的仪器控出水分后，放入烘箱，105～110℃烘烤 1h 左右。

③ 吹风机吹干：将洗净的仪器用少量乙醇荡洗，倒出；再用乙醚摇洗一次，最后用吹风机吹干。要求在通风柜里进行该操作。

注：无论用何种方法干燥的仪器，都必须让仪器冷至室温时才能取出，否则热的仪器遇冷时，水气将在器壁上凝聚。

（5）玻璃仪器的保管

将干净的玻璃仪器倒置在专用柜内，柜的隔板上可衬垫清洁滤纸，也可在玻璃仪器上覆盖清洁的纱布。关上柜门以防灰尘污染。各种不同的玻璃仪器要根据其特点、用途及实验要求按不同的方法加以保管。

1）移液管可置于有盖的搪瓷盘中，垫以清洁的纱布。

2）滴定管可倒置在滴定管架上，或装满蒸馏水，管口上加套指形管或小烧杯。使用的滴定管（内装有溶液）在操作暂停期间也应加套指形管或小烧杯以防止灰尘落入。

3）清洁的比色皿、比色管、离心管等要放在专用的盒中，或倒置在专用架上。

4）具磨口塞的清洁玻璃仪器（如容量瓶、称量瓶、碘量瓶、试剂瓶等）应衬纸加塞保管。

5）凡有配套塞、盖的玻璃仪器都必须保持原套装配，不得拆散使用和存放。

4. 玻璃仪器的使用

（1）滴定管的使用

1）构造特点

① 上边的刻度小（有 0 刻度），下边的刻度大。

② 精确度是百分之一。即可精确到 0.01mL。

③ 下部尖嘴内液体不在刻度内，量取或滴定溶液时不能将尖嘴内的液体放出。

2）使用方法

① 使用前先检查是否漏液。

② 用滴定管取滴定液体时须先润洗。

③ 读数前要将管内的气泡赶尽，尖嘴内充满液体。

④ 读数需有两次，第一次读数时应先调整液面在 0 刻度或 0 刻度以下。

⑤ 读数时，视线、刻度、液面的凹面最低点在同一水平线上。

⑥ 滴定时，边观察实验变化，边控制用量。

⑦ 量取或滴定液体的体积＝第二次的读数-第一次读数。

⑧ 用于盛装酸性溶液或强氧化剂液体（如 $KMnO_4$ 溶液）的滴定管，不可装碱性溶液。

⑨ 酸式滴定管的玻璃活塞是固定配套该滴定管的，不能任意更换。

3）酸式滴定管的涂油

涂油方法：把滴定管平放在桌面上，将固定活塞的橡皮圈或卡扣取下，再取出活塞，用干净的纸或布将活塞和塞套内壁擦干（如果活塞孔内有旧油垢塞堵，可用金属丝轻轻剔去。如果管尖被油脂堵塞可先用水充满全管，然后将管尖置热水中，使溶化，突然打开活塞，将其冲走）。蘸取少量凡士林在活塞孔的两头沿圆周涂上薄薄一层，在紧靠活塞孔两旁不要涂凡士林，以免堵住活塞孔。涂完，把活塞放回塞套内，向同一方向转动活塞，直到从外面观察时全部透明为止。涂好油的酸式滴定管活塞与塞套应密合不漏水，并且转动要灵活。

4）酸式滴定管的试漏

关闭滴定管活塞，装入蒸馏水至一定刻度，直立滴定管 2min。仔细观察刻度线上的液面是否下降，滴定管下端有无水滴漏下，活塞缝隙中有无水渗出。然后将活塞旋转 180° 后等待 2min 再观察，如有漏水现象应重新擦干涂油。

5）酸式滴定管的装溶液和赶气泡

① 将瓶中的溶液摇匀，往滴定管中加入约 10mL 溶液，从下口放出约 1/3 以洗涤尖嘴部分，然后关闭活塞横持滴定管并慢慢转动，使溶液与管内壁处处接触，最后将溶液从管口倒出，但不要打开活塞，以防活塞上的油脂冲入管内，尽量倒空后再洗第二次。每次

都要冲洗尖嘴部分，如此洗 2～3 次，即可除去滴定管内残留的水分，确保标准溶液浓度不变。

② 当标准溶液装入滴定管时，出口管没有充满溶液，此时将酸式滴定管倾斜约 30°，左手迅速打开活塞使溶液冲出，就能充满全部出口管。气泡排除后，加入标准溶液至"0"刻度以上，等待 30s，再转动活塞，把液面调节在 0.00mL 刻度处。

6）注意事项

① 滴定管在装满标准溶液后，管外壁的溶液要擦干，以免流下或溶液挥发而使管内溶液降温（尤其在夏季）。手持滴定管时，也要避免手心紧握装有溶液部分的管壁，以免手温高于室温（尤其在冬季）而使溶液的体积膨胀，造成读数误差。

② 使用酸式滴定管时，应将滴定管固定在滴定管夹上，活塞柄向右，左手从中间向右伸出，拇指在管前，食指及中指在管后，三指平行地轻轻拿住活塞柄，无名指及小指向手心弯曲，食指及中指由下向上顶住活塞柄一端，拇指在上面配合动作。在转动时，中指及食指不要伸直，应该微微弯曲，轻轻向左扣住，这样既容易操作，又可防止把活塞顶出。

③ 若使用的是碱式滴定管，左手无名指及小手指夹住出口管，拇指与食指在玻璃珠所在部位往一旁（左右均可）捏乳胶管，使溶液从玻璃珠旁空隙处流出。注意：A. 不要用力捏玻璃珠，也不能使玻璃珠上下移动；B. 不要捏到玻璃珠下部的乳胶管；C. 停止滴定时，应先松开拇指和食指，最后再松开无名指和小手指。

④ 每次滴定须从零刻度开始，以使每次测定结果能抵消滴定管的刻度误差。

⑤ 在装满标准溶液后，滴定前"初读"零点，应静置 1～2min 再读一次，如液面读数无改变，仍为零，才能滴定。滴定时不应太快，每秒钟放出 3～4 滴为宜，更不应成液柱流下，尤其在接近计量点时，更应一滴一滴逐滴加入（在计量点前可适当加快些滴定）。滴定至终点后，须等 1～2min，使附着在内壁的标准溶液流下来以后再读数，如果放出滴定液速度相当慢时，等半分钟后读数亦可，"终读"也至少读两次。

⑥ 滴定管读数可将滴定管垂直夹在滴定管架上或手持滴定管上端使自由地垂直再读取刻度，读数时视线位置应与液面处在同一水平面上，否则会引起误差。读数应该在弯月面下缘最低点，但遇标准溶液颜色太深，不能观察下缘时，可以读液面两侧最高点，"初读"与"终读"应用同一标准。

注：掌握三种加液方法：A. 逐滴连续滴加；B. 只加一滴；C. 使液滴悬而未落，即加半滴。

7）滴定操作

在锥形瓶中滴定时，用右手前三指拿住锥形瓶瓶颈，使瓶底离瓷板约 2～3cm。同时调节滴定管的高度，使滴定管的下端伸入瓶口约 1cm。左手按前述方法滴加溶液，右手运用腕力摇动锥形瓶，边滴加溶液边摇动。滴定操作中应注意以下几点：

① 摇锥形瓶时，应使溶液向同一方向作圆周运动（左右旋转均可），但勿使瓶口接触滴定管，溶液也不得溅出。

② 滴定时，左手不能离开活塞任其自流。

③ 注意观察溶液落点周围溶液颜色的变化。

④ 开始时，应边摇边滴，滴定速度可稍快，但不能流成"水线"。接近终点时，应改

为加一滴，摇几下。最后，每加半滴溶液就摇动锥形瓶，直至溶液出现明显的颜色变化。

8）半滴溶液的方法

① 微微转动活塞，使溶液悬挂在出口管嘴上，形成半滴，用锥形瓶内壁将其沾落，再用洗瓶以少量蒸馏水吹洗瓶壁。

② 用碱管滴加半滴溶液时，应先松开拇指和食指，将悬挂的半滴溶液沾在锥形瓶内壁上，再放开无名指与小指。这样可以避免出口管尖出现气泡，使读数造成误差。

（2）容量瓶的使用

1）容量瓶的准备（图 2-7）

容量瓶使用前应检查瓶塞处是否漏水。向容量瓶内加少量水，塞好瓶塞，用食指顶住瓶塞，用另一只手的五指托住瓶底，把瓶倒立过来，如不漏水，正立，把瓶塞旋转 180°后塞紧，再倒立若不漏水，方可使用。

2）溶液的配制和转移（图 2-7、图 2-8）

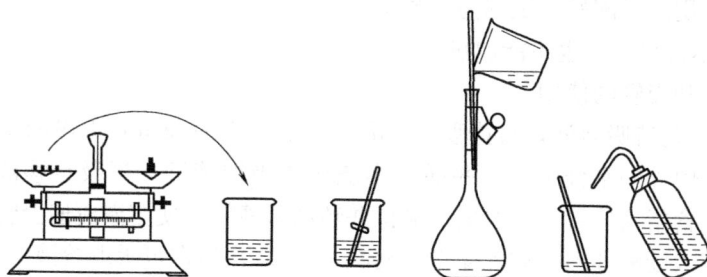

图 2-7　容量瓶的配制

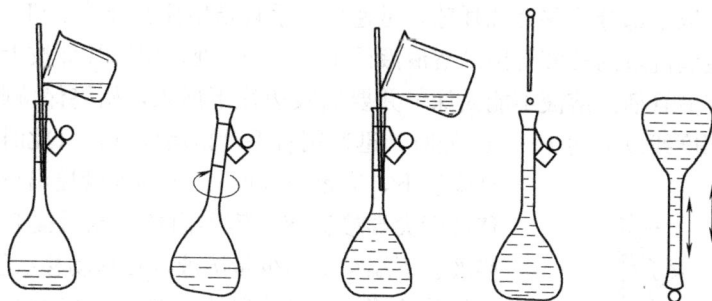

图 2-8　溶液的转移

① 用容量瓶配制准确浓度的溶液时，将精确称重的溶质放在小烧杯中，加入少量溶剂，搅拌使其溶解（若难溶，可盖上表面皿，稍加热，但必须放冷后才能转移）。

② 一手拿玻璃棒，一手拿烧杯，玻璃棒插入容量瓶内，烧杯嘴紧靠玻璃棒，使溶液沿玻璃棒慢慢流入容量瓶。玻璃棒下端要靠近瓶颈内壁，但不要太接近瓶口，以免有溶液溢出。待溶液流完后，将烧杯沿玻璃棒稍向上提，同时直立，使附着在烧杯嘴上的一滴溶液流回烧杯中。可用洗瓶吹出少量蒸馏水，自上而下冲洗烧杯内壁，并将洗涤液转移合并到容量瓶中。重复吹洗 3～4 次，洗涤液均转入容量瓶中。再用蒸馏水冲洗玻璃棒和容量瓶刻度以上的内壁。

③ 当溶液加到瓶中 2/3 处以后，将容量瓶水平方向摇转几周（勿倒转），使溶液大体

混匀。然后慢慢加蒸馏水到距刻度线 2～3cm 左右，等待 1～2min，使附着在瓶颈内壁的溶液流下，再改用滴管滴加，眼睛平视刻度线，加水至溶液凹液面底部与刻度线相切。

④ 盖好瓶塞，用掌心顶住瓶塞，另一只手的手指托住瓶底，注意不要用手掌握住瓶身，以免体温使液体膨胀，影响容积的准确（对于容积小于 100mL 的容量瓶，不必托住瓶底）。随后将容量瓶倒转，使气泡上升到顶，此时可将容量瓶振荡数次。再倒转过来，仍使气泡上升到顶。如此反复 10 次以上，才能混合均匀。

注：当溶质溶解或稀释时出现吸热放热时，须先将溶质在烧杯中溶解或稀释，并冷却。

3）注意事项

① 热溶液必须冷却至室温后，才能转移至容量瓶，并稀释至刻度，否则会造成体积误差。

② 溶液配好后应转移至干燥干净的试剂瓶保存，不宜在容量瓶中长期保存试剂。若试剂瓶未干，可用少量配好的试剂荡洗数次。

③ 容量瓶不得烘干，也不能加热。

（3）移液管和吸管的使用

1）润洗：摇匀待吸溶液，将待吸溶液倒一小部分于一洗净并干燥的小烧杯中，用滤纸将移液管尖端内外的水分吸干，并插入小烧杯中吸取溶液。当吸至移液管容量的 1/3 时，立即用右手食指按住管口，取出，横持并转动移液管，使溶液流遍全管内壁，将溶液从下端尖口处排入废液杯内。如此操作，润洗了 3～4 次后即可吸取溶液。

2）吸取溶液：左手拿洗耳球，将洗耳球握在掌中，尖口向下，捏瘪排出球内空气，将洗耳球尖口插入移液管的上口，注意不能漏气。慢慢松开左手手指，将溶液慢慢吸入管内，直至刻度线以上部分。移开洗耳球，迅速用右手食指堵住移液管上口。

将用待吸液润洗过的移液管插入溶液液面下 1～2cm 处，用洗耳球按上述操作方法吸取溶液（注意移液管插入溶液不能太深，并要边吸边往下插入，始终保持此深度）。当管内液面上升至刻度线以上约 1～2cm 处时，迅速用右手食指堵住管口（此时若溶液下落至刻度以下，应重新吸取）。将移液管提出待吸液面，并使移液管尖端接触溶液容器内壁片刻后提起，用滤纸擦干移液管下端粘附的少量溶液（在移动移液管或吸量管时，应将移液管或吸量管保持垂直，不能倾斜）。

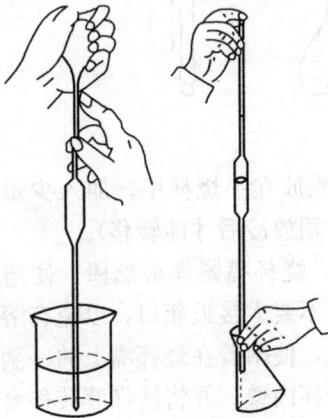
图 2-9　移液管和吸管的使用

3）调节液面：另取一干净小烧杯，将移液管管尖紧靠小烧杯内壁，让小烧杯保持倾斜，使移液管保持垂直，刻度线和视线保持水平（左手不能接触移液管）。稍稍松开食指（可微微转动移液管），使管内溶液慢慢从下口流出。液面将至刻度线时，按紧右手食指，停顿片刻，再按上法将溶液的凹液面最低点与刻度线上缘相切为止。立即用食指按紧管口使液面不再下降。将移液管小心移至接收溶液的容器中。

4）放出溶液：将移液管直立，接受器倾斜。移液管下端紧靠接受器内壁，放开食指，让溶液沿接受器内壁流下。管内溶液流完后，保持放液状态一段时间（A级停留15s，B级停留3s），再移走移液管。残留在管尖内壁处的少量溶液，不可用外力强使其流出，因校准移液管或吸量管时，已考虑了尖端内壁处保留溶液的体积。除在管身上标有"吹"字的，可用洗耳球吹出，不允许保留。

第二节　试剂及溶液配制

1. 实验室用水

在分析工作中，洗涤仪器、溶解样品、配制溶液均需用水。一般天然水和自来水中常含有氯化物、碳酸盐、硫酸盐、泥沙等少量无机物和有机物，影响分析结果的准确度。作为分析用水，必须先经一定的方法净化，达到国家规定的实验室用水规格后，方可使用。

实验室用水的级别是分析质量控制的一个重要因素，它影响到空白值的大小以及分析方法的检出限，尤其在微量分析中对水质的要求更高。实验室中用于溶解、稀释和配制溶液的水都必须先经过纯化。分析要求不同，对水质纯度的要求也不同，所以了解实验室用水的知识十分必要。

（1）实验室用水的级别

在现行《分析实验室用水规格和试验方法》GB/T 6682—2008中，规定了分析实验室用水分为三个级别。

一级水：用于有严格要求的分析试验，包括对颗粒有要求的试验，如高效液相色谱分析用水。它可用二级水经过石英设备蒸馏或离子交换混合床处理后，再经过$0.2\mu m$微孔膜过滤来制取。

二级水：用于无机痕量分析等试验，如原子吸收光谱分析用水。它可用多次蒸馏或离子交换等方法制取。

三级水：用于一般化学分析试验。它可用蒸馏或离子交换等方法制取。

（2）实验室用水的技术指标

分析实验室用水应符合的指标要求，见表2-2。

分析实验室用水规格和指标　　　　　　　　　　　　　表2-2

指标名称	一级	二级	三级
外观（目视观察）	无色透明液体		
pH值范围(25℃)	—	—	5.0~7.5
电导率(25℃)/(mS/m)	≤0.01	≤0.10	≤0.50
可氧化物[以(O)计]/(mg/L)	—	≤0.08	≤0.4
吸光度(254nm,1cm 光程)	≤0.001	≤0.01	—
蒸发残渣(105℃±2℃)/(mg/L)	—	≤1.0	≤2.0
可溶性硅(以 SiO$_2$ 计)/(mg/L)	≤0.01	≤0.02	—

注1：由于在一级水、二级水的纯度下，难于测定其真实的pH值。因此，对一级水、二级水的pH值范围不做规定。

注2：由于在一级水的纯度下，难于测定可氧化物质和蒸发残渣，对其限量不做规定，可用其他条件和制备方法来保证一级水的质量。

（3）实验室用水的制备方法

实际工作中，要根据具体工作的不同要求选用不同等级的水。对有特殊要求的实验室用水，需要增加相应的技术条件和相应的处理方法，以得到需要的纯水。

1）蒸馏法

将天然水用蒸馏器蒸馏得到蒸馏水。蒸馏水的质量因蒸馏器的材质与结构不同而异，并与贮存的材质有关。蒸馏水中仍含有一些杂质，原因是：

① 二氧化碳及某些低沸物易挥发，随水蒸气带入蒸馏水中。

② 少量液态水成雾状飞出，进入蒸馏水中。

③ 微量的冷凝管材料成分带入蒸馏水中。

实验室制取重蒸馏水的方法：用硬质玻璃或石英蒸馏器，在每 1L 蒸馏水或去离子水中加入 50mL 碱性高锰酸钾溶液（每 1L 含 8g $KMnO_4$ ＋300g KOH），重新蒸馏，弃去头和尾各 1/4 容积，收集中段的重蒸馏水，亦称二次蒸馏水。此法去除有机物较好，但不宜做无机痕量分析用。也可以在二次蒸馏水器中制备，第二个蒸馏瓶中不加高锰酸钾。亦可使用市售的"自动双重蒸馏水器"，制取重蒸馏水。

2）亚沸法

亚沸蒸馏器是用石英制成的自动补液蒸馏装置。其热源功率很小，使水在沸点以下缓慢蒸发，不存在雾滴污染问题。所得蒸馏水几乎不含金属杂质（超痕量），适用于配制除可溶性气体和挥发性物质以外的各种物质的痕量分析用的试液。

亚沸蒸馏器常作为最终的纯水器与其他纯水制备装置（如离子交换纯水器等）联用，所得纯水的电阻率高达 16MΩ·cm 以上，可用于制备或者稀释标准水样。

3）离子交换法

应用离子交换树脂来分离出水中的杂质离子的方法叫离子交换法。用此法制得的水通常称为"去离子水"，这种方法具有出水纯度高、操作技术易掌握、产量大、成本低等优点，很适合于各种规模的实验室采用。该法缺点是设备较复杂，制备的水含有微生物和某些有机物。

（4）特殊要求的纯水

1）无氯水

加入亚硫酸钠等还原剂将自来水中的余氯还原为氯离子（以四甲基联苯胺检查不显黄色），用附有缓冲球的全玻璃蒸馏器（以下各项中的蒸馏同此）进行蒸馏制得。

2）无氨水

向水中加入硫酸至其 pH 值小于 2，使水中各种形态的氨或胺最终都变成不挥发的盐类，收集馏出液即得（注意避免实验室内空气中存在的氨的重新污染）。

3）无二氧化碳水

煮沸法：将蒸馏水或去离子水煮沸至少 10min（水多时），或使水量蒸发 10% 以上（水少时），加盖放冷即得。

曝气法：将惰性气体或纯氮通入蒸馏水或去离子水至饱和即得。

制得的无二氧化碳水应贮于附有碱石灰管的橡皮塞盖严的瓶中。

4）无砷水

一般蒸馏水或去离子水多能达到基本无砷的要求。应注意避免使用软质玻璃（钠钙玻璃）制成的蒸馏器、树脂管和贮水瓶。进行痕量砷的分析时，须使用石英蒸馏器或聚乙烯的树脂管和贮水桶。

5）无铅（重金属）水

用氢型强酸性阳离子交换树脂处理原水即得。注意贮水器应事先作无铅处理（6mol/L硝酸溶液浸泡过夜后以无铅水洗净）。

6）无酚水

① 加碱蒸馏法：加入氢氧化钠至水的pH值大于11，使水中酚生成不挥发的酚钠后进行蒸馏制得（可同时加入少量高锰酸钾溶液使水呈紫红色，再行蒸馏）。

② 活性炭吸附法：将粒状活性炭加热至150～170℃烘烤两小时以上进行活化，放干燥器内冷却至室温后，装入预先盛有少量水（避免炭粒间存留气泡）的层析柱中，使蒸馏水或去离子水缓慢通过柱床，按柱容大小调节其流速，一般以每分钟不超过100mL为宜。开始流出的水（略多于装柱时预先加入的水量）须再次返回柱中，然后正式收集。此柱所能净化的水量，一般约为所用炭粒容积的一千倍。

7）不含有机物的蒸馏水

加入少量高锰酸钾的碱性溶液于水中再行蒸馏即得（在整个蒸馏过程中水应始终保持红色，否则应随时补加高锰酸钾）。

（5）纯水的检验

纯水在使用前应根据实验目的及要求进行必要的检验，以确定纯水是否符合质量标准。有的检测项目需要做空白试验，保证纯水符合该项目要求，如重金属的检测。

（6）纯水的贮存

1）贮存容器的选择

在一般的无机分析中，贮存纯水应使用聚乙烯容器，因为玻璃容器中含有大量的SiO_2、Na、K、Ca等化学成分，在贮存纯水时这些成分会少量溶解而使纯水受到污染。而在有机分析中，贮存纯水选择玻璃容器为好，这是因为聚乙烯容器可溶成分的溶解同样会使纯水沾污。使用虹吸法取用纯水时应使用聚乙烯管（因乳胶管中含有锌）。

2）纯水的贮存要求

在贮存期间，纯水沾污的原因除了容器可溶成分的溶解以外，还会吸收空气中的二氧化碳及其他杂质，所以一级水尽可能用前制备，不贮存；二级水适量制备后，可贮存在预先经过处理并用同级水充分清洗过，密闭的聚乙烯容器中；三级水的贮存容器和条件与二级水相同。

各级纯水应使用专用容器贮存。运输贮存及使用过程中应避免沾污。

2. 化学试剂

（1）化学试剂的质量等级

化学试剂按含杂质的多少分为不同的级别，以适应不同的需要。根据现行《化学试剂 包装及标志》GB 15346—2012的规定，通用试剂按纯度分为三个级别，不同级别的试剂标签采用不同的颜色，见表2-3。

优级纯：用于精密化学分析和科研工作，又叫一级纯，符号为GR，标签为深绿色。

分析纯：用于分析实验和研究工作，又叫二级纯，符号为AR，标签为金光红色。

化学纯：用于化学实验，又叫三级纯。符号为CP，标签为中蓝色。

我国化学试剂的等级及标志   表 2-3

纯度级别	优级纯	分析纯	化学纯
英文代号	GR Guarantee Reagent	AR Analytical Reagent	CP Chemical Pure
瓶签颜色	深绿色	金光红色	中蓝色
适用范围	用做标准物质，主要用于精密的科学研究和分析实验	用于一般科学研究和分析实验	用于要求较高的无机和有机化学实验，或要求不高的分析实验

化学试剂除上述几个等级外，还有基准试剂、光谱纯试剂、色谱纯试剂及超纯试剂等。基准试剂相当或高于优级纯试剂，用于直接配制标准溶液或用作滴定分析的标准物质来确定未知溶液的准确浓度，其主要成分含量一般在 99.95%～100.0% 之间，杂质总量不超过 0.05%。光谱纯试剂主要在光谱分析中用作标准物质，其杂质用光谱分析法测不出或杂质低于某一限度，纯度在 99.99% 以上。超纯试剂又称高纯试剂，是用一些特殊设备如石英、铂器皿生产的。

我国化学试剂属于国家标准的附有 GB 代号，属于行业标准的附有 HG 或 HGB 代号。

（2）化学试剂的分类

试剂分类的方法较多，如按状态可分为固体试剂、液体试剂。按用途可分为通用试剂、专用试剂。按类别可分为无机试剂、有机试剂。按性能可分为危险试剂、非危险试剂等。

从试剂的贮存和使用角度常按类别对试剂进行分类，主要分为无机试剂和有机试剂。这种分类方法与化学的物质分类一致，既便于识别、记忆，又便于贮存、取用。

1）无机试剂

单质：金属 Zn、Na、K 等；

盐类及氧化物：钠、钾、铵、镁、钙、锌等的盐及 CaO、MgO、ZnO 等；

碱类：NaOH、KOH、$NH_3 \cdot H_2O$ 等；

酸类：H_2SO_4、HNO_3、HCl、$HClO_4$ 等。

2）有机试剂

烃类、醇类、酚类、醛类、脂类、羟酸类、胺类、卤代烷类、苯系物等。

（3）化学试剂的使用注意事项

1）要注意保护试剂上的标签。分装或配制试剂后要随手贴上标签，决不允许在瓶内装上不是标签标示的物质。

2）为保证试剂不被沾污，固体试剂应用清洁的牛角匙或不锈钢匙从瓶中取用。如试剂结块，可用清洁玻璃棒将其捣碎后再取。液体试剂可用量筒量取，不可用吸管插入原试剂瓶中取样。凡取出的试剂不允许再倒回原试剂瓶中。取完试剂后要盖紧瓶塞，不可错换瓶塞。

3）打开易挥发试剂的瓶塞时，不可将瓶口对准脸部或他人。在夏季高温天气，有些试剂如氨水等，打开瓶塞时，很易冲出气液，最好先将试剂瓶在冷水中浸泡一段时间，再打开瓶塞。

4）取用有毒、有恶臭味的试剂，应在通风橱中进行，用完后应将瓶塞蜡封。

5）不可直接用鼻子对着试剂瓶口去辨认气味。必要时，将瓶口远离鼻子，用手在瓶口上方扇动一下，将气味扇向自己以便辨认，绝不可用舌头品尝试剂。

3. 溶液的配制

（1）溶液浓度的表示方法

溶液是由一种或者一种以上的物质分散到另一种物质里所形成的均一稳定的混合物。溶液中被溶解的物质称为溶质，溶解其他物质的物质叫溶剂。在一般性讨论中，常用 A 代表溶剂，B 代表溶质。溶质在溶液中所占的比例称作溶液的浓度。根据用途的不同，溶液浓度有多种表示方法，如物质的量浓度，质量浓度，质量分数，体积分数等。

物质的量：物质的量是国际单位制中 7 个基本物理量之一，其符号为 n，单位为摩尔（mol），简称摩。物质的量是表示物质所含微粒数 N（如：分子，原子等）与阿伏伽德罗常数（N_A）之比，即 $n = N/N_A$。通常是将物质的质量 m 除以该物质的摩尔质量 M 计算得到物质的量 n，即：$n = m/M$。

摩尔质量：单位物质的量的物质所具有的质量叫摩尔质量，符号 M，即 1mol 该物质所具有的质量，数值上等于该物质的分子量或原子量，单位为 g/mol。

1）物质的量浓度

物质的量浓度，符号为 $c(B)$，定义为物质 B 的物质的量除以溶液的体积。

$$c(B) = \frac{n(B)}{V(溶液)}$$ （2-1）

物质的量浓度 SI（国际）单位为 mol/m^3，常用 mol/L 表示。

例题【2-1】： 250mL 氢氧化钠溶液中含 0.5mol 氢氧化钠，求此溶液的物质的量浓度。

解：
$$c(NaOH) = \frac{0.5mol}{250mL \times 10^{-3}} = 2mol/L$$

2）质量浓度

质量浓度，符号 $\rho(B)$，定义为物质 B 的质量除以溶液的体积。

$$\rho(B) = \frac{m(B)}{V(溶液)}$$ （2-2）

质量浓度的 SI 单位为 kg/m^3，常用 g/L 或 mg/L 表示。如 1L 溶液中含 200g 溶质，其质量浓度即为 200g/L；1mL 的溶液中含有 0.8mg 溶质，其质量浓度为 0.8mg/mL。

在金属元素的分析，比色分析等过程中，其浓度常用质量浓度来表示。如 10.0mg/L 的铁标准使用液，10μg/L 的 Pb 标准使用液，0.200mg/L 亚硝酸盐标准使用液。

3）质量分数

质量分数，符号 $\omega(B)$，定义为物质 B 的质量与溶液质量的比值。

$$\omega(B) = \frac{m(B)}{m(溶液)}$$ （2-3）

质量分数的量纲为 1。市面上 98% 的硫酸就是指质量分数为 98% 的硫酸。市售的浓酸、浓碱大多用这种浓度表示。

4）体积分数

体积分数符号为 $\varphi(B)$，定义为物质 B 的体积与溶液体积的比值。

$$\varphi(B) = \frac{V(B)}{V(溶液)} \tag{2-4}$$

φ 的量纲为1，常用％表示。例如 $\varphi(C_2H_5OH) = 0.95$，也可写成 $\varphi(C_2H_5OH) = 95\%$，表示每100mL这种溶液中含乙醇95mL。

体积分数也常用于气体分析中表示某一组分气体的含量。如水煤气中含氢 $\varphi(H_2) = 0.40$，表示氢气的体积占水煤气体积的40％。

5）比例浓度

① 体积比

体积比的符号为 φ，定义为溶质B的体积与溶剂A的体积之比。

$$\varphi = \frac{V(B)}{V(A)} \tag{2-5}$$

体积比的量纲为1，常用比值的形式表示。如 $\varphi(B:A) = V(B):V(A)$。体积比常用于由浓溶液配制成稀溶液。例如配制 $\varphi(H_2SO_4) = 1:3$ 的硫酸溶液，即表示由1体积的浓硫酸与3体积的纯水混合而成。

也有用 $[V(B)+V(A)]$ 或 $[V(B):V(A)]$ 表示体积比，例如（1+5）或（1:5）的盐酸溶液。

② 质量比

质量比符号 ξ，定义为溶质B的质量和溶剂A的质量之比。

$$\xi = \frac{m(B)}{m(A)} \tag{2-6}$$

质量比也是量纲为1的量。SI 单位为1。在分析化学中，常用于两种固体试剂相互混合的表示方法。例如用熔融法分解难熔样品时，混合试剂的组成常用质量比表示。例如 $\xi(KNO_3:K_2CO_3) = 1:4$，表示由1份质量的 KNO_3 与4份质量的 K_2CO_3 相混合而成。

（2）常用溶液的配制

1）一般溶液的配制

一般溶液也称辅助试剂溶液，常用于控制化学反应条件，在样品处理、分离、掩蔽、调节溶液的酸碱性等操作中使用。在配制时，试剂的质量可以由托盘天平或者普通电子天平称量，体积用量筒或量杯量取。配制这类溶液的关键是正确地计算应该称量溶质的质量或应该量取溶液溶质的体积。以下给出了几个具体的实例。

例题【2-2】：用 $\rho = 1.84g/mL$ 的 H_2SO_4，配制 $c(H_2SO_4) = 1mol/L$ 的溶液500mL，应如何配制？

解：已知 $\rho = 1.84g/mL$ 的 H_2SO_4 硫酸的质量分数（$\omega = m/m_{溶液}$）为96％，H_2SO_4 的摩尔质量为98.08g/mol。

$$m_{H_2SO_4} = 1mol/L \times 500 \times 10^{-3}L \times 98.08g/mol = 49.04g$$

$$m_{浓H_2SO_4溶液} = \frac{m_{H_2SO_4}}{\omega} = \frac{49.04g}{96\%} = 51.08g$$

$$V = \frac{m_{浓H_2SO_4溶液}}{\rho_{H_2SO_4}} = \frac{51.08g}{1.84g/mL} = 27.76mL \approx 28mL$$

配制：烧杯中加入200~400mL水，量取28mL浓硫酸缓慢注入水中，冷却后再加纯水到 500mL 左右。

例题【2-3】： 配制 20％ 的 H_2SO_4 溶液 500g，应取 96％ H_2SO_4（$\rho = 1.84g/mL$）多少毫升？水多少毫升？如何配制？

解： 20％ 和 96％ 都是指质量分数。

$$m_{H_2SO_4} = \frac{500g \times 20\%}{96\%} = 104.2g$$

$$V_{H_2O} = \frac{500g - 104.2g}{1g/mL} \approx 396mL$$

$$V_{H_2SO_4} = \frac{m}{\rho} = \frac{104.2g}{1.84g/mL} = 56.6mL$$

配制：用量筒量取 396mL 水倒入 1L 烧杯中，再量取 96％ H_2SO_4 约 56.6mL，在玻璃棒搅拌下缓缓加入水中，混合均匀，冷却即可。

例题【2-4】： 以 NaCl 为标准物配制 $\rho(Cl) = 1.000mg/mL$ 的标准溶液 1000mL，应如何配制？

解： 已知 NaCl 相对分子质量是 58.44，Cl 的原子质量是 35.453。

$$m = \frac{1.000mg/mL \times 1000mL \times 10^{-3} \times 58.44}{35.453} = 1.6484g$$

配制：在分析天平上精确称取 1.6484g NaCl（氯化钠应于 730℃ 灼烧 1h，冷却后称量），烧杯中溶解转移至 1000mL 容量瓶定容。

例题【2-5】： 用无水乙醇配制 70％（体积分数）的乙醇溶液 500mL，应如何配制？

解：
$$V_{乙醇} = 500mL \times 70\% = 350mL$$

配制：量取 350mL 无水乙醇于 500mL 烧杯中，加水至刻度，搅拌均匀即可。

例题【2-6】： 欲配制（1＋3）H_2SO_4 溶液 400mL，问应取浓硫酸和水各多少 mL？如何配制？

解：
$$V_{H_2SO_4} = 400mL \times \frac{1}{1+3} = 100mL$$
$$V_{H_2O} = 100mL \times 3 = 300mL$$

配法：用量筒取 300mL 水倒入 500mL 烧杯中，用量筒量取 100mL 浓硫酸在玻璃棒不断搅拌下缓缓加入水中，搅拌均匀冷却即可。

2）标准滴定溶液的配制

在生产实际中，制备标准滴定溶液的依据是《化学试剂　标准滴定溶液的制备》GB/T 601—2016，其对滴定分析用标准滴定溶液的配制和标定方法做了详细、严格的规定。

① 基准物质

用于直接配制标准溶液或标定标准溶液浓度的化学试剂称为基准物质或基准试剂。

A. 基准物质的条件

a. 纯度高，含量一般在 99.95％ 以上，可选用基准试剂或优级纯试剂。

b. 易获得，易精制，易干燥，使用时易溶于水（或稀酸、稀碱），并具有较大的摩尔质量。

c. 稳定性好，不易吸水，不吸收 CO_2，不被空气氧化，干燥时不分解，便于称量和长期保存。

d. 使用中符合化学反应的要求，其组成应与化学式相符且组成恒定。

B. 常用基准物质

根据等物质量规则，会选择基准物质的基本单元。这样选择的基本单元符合 SI 国际单位制的规定，而且相对应的摩尔质量 M_B 的数值与文献中各物质的克当量的数值相同，所配制的标准溶液的物质的量浓度与过去的当量浓度相等。

常用基准物的基本单元及摩尔质量（M_B）　　　　表 2-4

名称	分子式	基本单元	M_B
碳酸钠	Na_2CO_3	$\frac{1}{2}Na_2CO_3$	52.99
重铬酸钾	$K_2Cr_2O_7$	$\frac{1}{6}K_2Cr_2O_7$	49.03
三氧化二砷	As_2O_3	$\frac{1}{4}As_2O_3$	49.46
草酸	$H_2C_2O_4$	$\frac{1}{2}H_2C_2O_4$	45.02
草酸钠	$Na_2C_2O_4$	$\frac{1}{2}Na_2C_2O_4$	67.00
碘酸钾	KIO_3	$\frac{1}{6}KIO_3$	35.67
氯化钠	$NaCl$	$NaCl$	58.45

② 标准溶液的配制方法

A. 直接法

准确称取一定量已干燥的物质，溶解后，转入已校正的容量瓶中，用水稀释至刻度，摇匀，即成为标准溶液，其浓度可通过计算而得。例如 $c(1/2Na_2C_2O_4)＝0.1000mol/L$ 标准溶液的配制方法：称取于 110℃ 干燥至恒重的基准草酸钠 6.701g，在烧杯中用煮沸冷却的纯水溶解后转移到 1L 容量瓶中，用水定容至刻度，摇匀，即为 0.1000mol/L 草酸钠标准溶液。配制标准溶液要保证环境温度控制在 20℃。

B. 标定法

很多用来配制标准溶液的物质不符合直接配制法的条件要求，不能用直接法配制。如氢氧化钠易吸收空气中的水分和二氧化碳；高锰酸钾易分解等均会造成试剂不纯或质量无法称准的问题。

标定法是首先配制成接近所需浓度的溶液，然后再用基准物质标定其准确浓度，该过程称为标定。在实际工作中，有时也用"标准试样"来标定标准溶液，这样标定和测定的条件基本相同，可以消除共存的其他组分的影响。

有些溶液在粗配后，不能立即标定，需要有一个稳定期。如氢氧化钠溶液的稳定期为 5～10d，其目的是让溶解在水中的二氧化碳充分地与氢氧化钠作用，使溶液的浓度不再改变。硫代硫酸钠溶液的稳定期为 12～15d，其目的是要让溶解在水中的微生物和二氧化碳充分地与硫代硫酸钠作用，使溶液的浓度不再改变。高锰酸钾的稳定期为 10d 左右，是因为高锰酸根与微量的可还原性物质的反应速度很慢，作用周期较长。碘溶液的稳定期为 1～2d，其目的是生成可溶性 I_3^- 等。

第三节 设施设备

1. 天平

分析天平是精确测定物质质量的计量仪器，是水质分析中常用的重要工具。称量的准确度直接影响测定结果的准确度，因此使用人员应熟悉天平的结构和性能，合理选择并正确使用天平，保证称量的准确度，同时应注意加强天平的日常维护与保养，延长天平的使用寿命。

（1）天平的种类

天平种类繁多，按使用范围大体上可分为工业天平、分析天平、专业天平。按结构可分为等臂双盘阻尼天平、机械加码天平、半自动机械加码光电天平、单臂天平和电子天平。按精密度分为精密天平和普通天平。目前分析实验室中广泛使用的是托盘天平和电子天平。

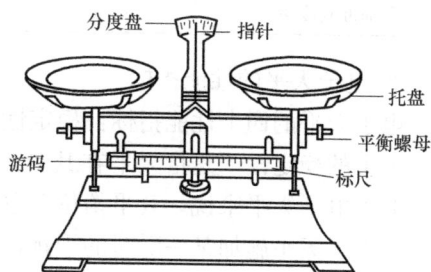

图 2-10 托盘天平示意图

1）托盘天平

托盘天平也称架盘天平，构造如图 2-10 所示。分度值一般在 0.1～2g，最大载荷量可达 5000g。用于对称量准确度要求不高的实验工作中。如配制各种百分浓度、比例浓度的常规溶液，以及有效数字要求在整数内的物质的量浓度的溶液，或者用于称量较大量的样品、原料等。

2）电子天平

电子天平（图 2-11）利用电磁力平衡原理实现称重，即测量物体时采用电磁力与被测物体重力相平衡的原理实现测量。当称盘上加上或者除去被称物时，天平则产生不平衡状态，此时可以通过位置检测器检测到线圈在磁钢中的瞬间位移，经过电磁力自动补偿电路，使其电流变化以数字方式显示出被测物体的重量，其实物如图 2-11 所示。

图 2-11 电子天平实物图

天平在使用过程中会受到所处环境温度、气流、震动、电磁干扰等因素的影响，因此要尽量避免或者减少在这些环境下使用。

① 电子天平等级的划分

电子天平划分为四个等级，划分的标准见表2-5。

天平等级划分标准 表2-5

| 准确度级别 | 检定分度值 e | 检定分度数 $n = \dfrac{Max}{e}$ | | 最小称量 |
		最小	最大	
特种准确度级 Ⅰ	$1\mu g \leqslant e \leqslant 1mg$	可小于 1×10^4	不限制	$100e$
	$1mg \leqslant e$	5×10^4		
高准确度级 Ⅱ	$1mg \leqslant e \leqslant 50mg$	1×10^2	1×10^5	$20e$
	$0.1g \leqslant e$	5×10^3	1×10^5	$50e$
中准确度级 Ⅲ	$0.1g \leqslant e \leqslant 2g$	1×10^2	1×10^4	$20e$
	$5g \leqslant e$	5×10^2	1×10^4	$20e$
普通准确度级 Ⅳ	$5g \leqslant e$	1×10^2	1×10^3	$10e$

② 电子天平的性能指标

电子天平的四个性能指标：稳定性、灵敏性、正确性和示值的不变性。

天平的稳定性，是指天平在其受到扰动后，能够自动回到它们的初始平衡位置的能力。对于电子天平来说，其平衡位置总是通过模拟指示或数字指示的示值来表现的，所以一旦对电子天平施加某一瞬时的干扰，虽然示值发生了变化，但干扰消除后，天平又能回复到原来的示值，则我们称该电子天平是稳定的。稳定性是天平可以使用的首要判定条件，不具备稳定性的电子天平不能使用。

天平的灵敏性，是指天平能觉察出放在天平衡量盘上的物体质量改变量的能力。电子天平的灵敏性，可以通过角灵敏度，线灵敏度，分度灵敏度，数字（分度）灵敏度来表示。对于电子天平，主要是通过分度灵敏度 d，或数字灵敏度来表示。天平能觉察出来的质量改变量越小，则说明天平越灵敏。对于电子天平来说，天平的灵敏度是判定天平优劣的重要性能之一。

天平的正确性，是指天平示值的正确性，它表示天平示值接近真值的能力。从误差角度来看，天平的正确性，就是反映天平示值的系统误差大小的程度。

天平示值的不变性，是指天平在相同条件下，多次测定同一物体，所得测定结果的一致程度。对于电子天平，依然有天平示值的不变性，比如对电子天平重复性，再现性的控制，对电子天平零位及回零误差的控制，对电子天平空载或加载时，电子天平在规定时间的电子天平示值漂移的控制。

（2）天平的称量方法

天平的称量方法分为直接称量法和递减称量法。

1）直接称量法

直接称量法适用于称取不易吸水，在空气中性质稳定的物质，如称量金属或者合金试样。称量时可以先称出称量纸的质量（W_1），加上试样后再称出称量纸与试样的总质量（W_2），称出的试样质量＝$W_2 - W_1$。目前大部分电子天平都有去皮归零功能，只要将称量纸或者称量的容器放入电子天平，稳定后去皮，最后天平显示的数值即为称取的试样质量。

2）递减称量法

此法用于称取粉末状或者易吸水、易氧化、易与二氧化碳反应的物质，也适用于连续几份同一物质的称量。减量法称量应使用称量瓶，称量瓶使用前必须清洗干净，称量瓶盖不能直接用手拿，需要用干净的纸条套在称量瓶上夹取。称量时，先将样品装入称量瓶中，放入天平称出称量瓶与样品的总质量（W_1），用纸条夹住取出称量瓶，按图 2-12 所示方法小心敲打出部分样品后，再称出称量瓶和余下样品的总质量（W_2），称出的样品质量＝W_1-W_2。电子天平用减量法称取一定质量的试样时，在称取总质量（W_1）后可以去皮归零，敲打出适量样品后再次称量，此时天平读数为负值，其绝对值即为称取样品的质量。

在称取一些吸湿性很强（如无水 $CaCl_2$、无水 $MgClO_4$、P_2O_5 等）及极易吸收 CO_2 的样品（CaO、$Ba(OH)_2$ 等）时，要求动作迅速，必要时还应采取其他保护措施。

图 2-12 称量瓶使用方法

（3）称量的准确度

选用适当等级的天平，称取合理的试样量，是保证分析结果准确度的一个必要条件。为保证分析准确度，应从以下三个因素考虑：

① 分析要求的准确度；

② 天平的灵敏度（分度值）；

③ 符合方法要求的试样质量范围。

天平的准确度可用式 2-7 计算：

$$称量准确度=\frac{天平分度值(mg)\times100\%}{试样质量} \tag{2-7}$$

例题【2-7】：已知天平的分度值为 0.1mg，若称取 0.1000g 试样，分析的准确度要求为 0.1％，求称量的准确度能否满足分析要求的准确度。

$$称量准确度=\frac{0.1}{0.1000\times10^{-3}}\times100\%=0.1\%$$

称量准确度为 0.1％，满足分析准确度的要求。如果称量准确度不能满足分析准确度的要求，则应考虑增加称样量或选用分度值更小的天平，以满足分析方法的准确度。

（4）天平使用注意事项

1）称量前应检查天平是否正常，是否处于水平位置。

2）不要把热或过冷的物体放到天平上称量，应待物体和天平室温度一致后进行称量。

3）天平载重不得超过最大载荷，被称物应放在干燥清洁的器皿中称量。挥发性、腐蚀性物体必须放在密封加盖的容器中称量。

4）非检修人员不得随意搬动天平。

5）每架天平都配有固定的砝码，不能借用其他天平的砝码。

6）保持砝码清洁干燥，砝码用镊子夹取，不能用手拿，用完放回砝码盒内；定期用标准砝码对天平进行核查。

7）称量前后检查天平是否完好并保持天平清洁，如在天平内洒落药品应立即清理干净，以免腐蚀天平。

8）电子天平内应放置干燥剂，保持天平内部清洁，必要时用软毛刷或绸布抹净或用无水乙醇擦净。

9）天平室要防震、防尘，保持恒定温度湿度。

2. 电热设备

电热设备是实验室中常用的仪器设备。

（1）电炉

电炉是将电能转化为热能的设备，它是由电阻丝（炉丝）、炉盘（耐火材料）金属底座组成。当电流通过炉丝时，克服炉丝的电阻做功，把电能转化变为热能，电阻越大产生的热量就越大。按其发热量的不同，电炉有不同的规格，如500W、800W、1500W、2000W等。

按照结构不同，电炉又分为暗式电炉，即炉丝被铁盖封严，用于一些不能用明火加热的实验；球形电炉，用于加热圆底烧瓶类容器；加热套，用于水及有机溶剂的蒸馏及有机反应等。

另外还有一种调温电炉，它是以单刀多位开关控制电炉的加热量，这种电炉温度调节主要是以串联电阻丝的方式改变其阻值，以调节炉丝上的电流大小，达到控制电炉温度的目的。如电陶炉，电陶炉能直接对玻璃器皿加热。

电炉使用时注意事项：

① 加热的金属容器不能触及炉丝，否则造成短路，烧坏炉丝，甚至发生触电事故。

② 耐火砖炉盘不耐碱性物质腐蚀，切勿将碱类物质撒落其上。及时清除灼烧焦糊物质，保持炉丝传热良好，延长使用寿命。

③ 明火电炉不能直接加热玻璃器皿，如烧杯，需要垫一层石棉网。

④ 电炉使用期间必须有人在场。

⑤ 电炉的连续使用时间不应过长（特别是使用电压较高时），过长会缩短炉丝使用寿命。

（2）高温电炉

高温电炉也叫马弗炉，用于称量分析中灼烧沉淀、测定灰分、有机物的灰化处理以及样品的熔融分解等操作中。

高温电炉的炉膛是用传热性能好、耐高温、没有涨缩碎裂的碳化硅结合体制成的。炉膛内外壁之间有空槽，炉丝穿在空槽中，炉膛四周都有炉丝，通电后整个炉膛周围被均匀地加热而产生高温。炉膛外的周围包着耐火砖、耐火土等，尽量塞紧，达到保温的目的。

炉内温度由温度控制器和电热偶指示。电热偶随着炉温不同产生不同的电势，电势的大小与温度是对应的，直接用温度数值在控制器表头上显示。指示温度的指针（上指针）随炉内温度升高而上升，当与事先调好的控制温度的指针（下指针）相遇时，继电器立即动作切断电路，暂停加热，当温度下降，上下指针分开，继电器使电路接通，电路继续加热，如此反复动作，达到控制一定炉温的目的。一般在接通电源前，即将控温指针拨到预定位置，从达到预定温度时，计算加热时间。

高温电炉有多种类型的加热元件，包括电阻丝、硅碳棒和硅钼棒，不同的加热元件能达到的加热温度不同。同时高温电炉大小有不同的规格，实验室应根据自己的需要选择合适温度和大小的高温电炉。

高温电炉使用注意事项：

① 高温电炉必须安装在固定水泥台上，周围不得存放易燃易爆物品，更不能在炉上灼烧有爆炸性危险的物质。不得把样品装入玻璃器皿在高温炉中灼烧。

② 使用电压必须和高温炉所需电压相符，配置功率合适的插头、插座和保险丝，并接好地线。炉前地上应铺一块绝缘胶板，保证操作安全。

③ 新的炉膛必须在低温下烘烤数小时，以防炉内受潮后因温度剧变而破裂。

④ 使用马弗炉，应随时观察炉内温度变化，不得脱岗。

⑤ 不得长时间使用最高温度。用完后立即切断电源，关好炉门，防止耐火材料受潮气侵蚀。

⑥ 高温电炉需要定期校准，维护。

（3）电热干燥箱

电热恒温干燥箱简称烘箱或干燥箱，是实验室中最常用的干燥试样、玻璃器皿及其他物品的设备，也用于微生物干热灭菌。

烘箱的型号很多，但是基本结构相似，一般由箱体、电热系统、自动恒温控制系统三部分组成。目前最常使用的是电热鼓风烘箱，它是用数显仪表与温度传感器的连接来控制工作室的温度，采用热风循环送风来干燥物料。热风循环系统分为水平送风和垂直送风。风源是由电机运转带动送风风轮，使吹出的风吹在电热管上，形成热风，将热风由风道送入烘箱的工作室，且将使用后的热风再次吸入风道成为风源再度循环加热，大大提高了温度的均匀性。烘箱的常用温度在 $100\sim150℃$。普通烘箱一般最高温度为 $300℃$，高温烘箱最高温度能达到 $500℃$。

使用烘箱的注意事项：

① 烘箱应安装在室内通风、干燥、水平处，防止震动和腐蚀。

② 根据烘箱的功率、所需电源电压配置合适的插头、插座和保险丝，并接好地线。

③ 不得在烘箱中烘烤有腐蚀性、易燃易爆及附有大量有机溶剂的物质。严禁在烘箱中烘烤食品。

④ 不得将样品、试剂直接放在隔板上，或用纸衬垫、包裹，必须放在称量瓶、玻璃或者瓷质器皿中烘干。

⑤ 电热鼓风干燥箱，在加热和恒温过程中必须开动鼓风机，否则影响烘箱内温度的均匀性和损坏加热元件。

⑥ 保持箱内外清洁，用完后及时切断电源。

⑦ 烘箱需要定期校准，维护。

（4）电热恒温水浴锅

电热恒温水浴锅是实验室常用的蒸发和恒温加热的设备。有四孔、六孔及八孔等规格。每孔的最大直径是 120mm，每孔上有四圈一盖。加热器位于水浴锅底部。正面板上装有自动温度控制器。

使用注意事项：

① 水槽内水位不得低于电热管，否则电热管会烧坏。

② 水浴锅不能高温加热过夜，避免干烧。

③ 避免腐蚀性物质进入槽体，如果不慎进入，需要对槽体及时清洗。

3. 其他设备

（1）离心机

离心机是以离心力作为推动力，迫使物料加速过滤、沉降或分离的设备。藻类、两虫以及原水色度的前处理均使用到离心机。

使用离心机注意事项：

① 为了保护离心机，保证离心效果，要装载平衡，使重心落在离心轴上。

② 用于装载样品的离心管应当用盖子盖紧，最好使用螺旋盖。

③ 不能将离心管装得过满，以防漏液。

④ 离心机没有停止运转，禁止打开离心机顶盖，以防危险。

（2）搅拌器

实验室常用搅拌器有磁力搅拌器和机械搅拌器。

磁力搅拌器是利用磁场的转动来带动磁子的转动。磁子一般是外层用惰性材料（如聚四氟乙烯）包裹的磁铁，有不同的大小和形状，可以根据实验需求进行选择。磁力搅拌器应用于搅拌或加热搅拌，适用于混合搅拌黏稠度不是很大的液体或固液混合物，如测定水体 pH 值、溶解氧等可以用磁力搅拌器对试样进行搅拌。

机械搅拌器主要由电动机和搅拌棒组成。电动机固定在支架上，搅拌棒与电动机相连。接通电源后，电动机带动搅拌棒转动而进行搅拌。搅拌的效率很大程度上取决于搅拌棒的结构，根据搅拌棒结构的不同，机械搅拌器分为很多种，如旋桨式搅拌器、涡轮式搅拌器、锚式搅拌器、折叶式搅拌器等。实验中需根据流体的粘度以及具体情况选择合适的机械搅拌器。实验室常用的机械搅拌器有混凝搅拌器，用于烧杯试验。

（3）真空泵

真空泵是指利用机械、物理、化学或物理化学的方法对被抽容器进行抽气而获得真空的器件或设备。实验室常用的真空泵类型有：循环水真空泵、隔膜真空泵。

4. 水质分析小型仪器

水质分析实验室除了上述几种常用设备外，还有其他一些常见的小型仪器。

（1）浊度计

浊度，即水的混浊程度，表现水中悬浮物对光线透过时所发生的阻碍程度。水中含有泥土、粉尘、微细有机物、浮游动物和其他微生物等悬浮物和胶体物质都可使水呈现浑浊。浊度计又称浊度仪，是测定水样浑浊度的仪器。

1）浊度计原理

浊度计有散射光式、透射光式和透射散射光式等，统称光学式浊度计。根据结构不同又分为便携式、台式和在线浊度仪。其原理为，当光线照射到液面上，入射光强、透射光强、散射光强相互之间比值和水样浊度之间存在一定的相关关系，通过测定透射光强、散射光强和入射光强或透射光强与散射光强的比值来测定水样的浑浊度。

目前实验室最常用的是散射式浊度计，一般采用 90°散射光原理。由光源发出的平行光束通过溶液时，一部分被吸收和散射，另一部分透过溶液。与入射光成 90°方向的散射光强度符合雷莱公式：

$$I_s = (KNV^2)/\lambda \times I_0 \tag{2-8}$$

其中：I_0——入射光强度；

I_s——散射光强度;

N——单位溶液微粒数;

V——微粒体积;

λ——入射光波长;

K——系数。

在入射光恒定条件下,在一定浊度范围内,散射光强度与溶液的浑浊度成正比。式2-8可表示为:$I_s/I_0 = K'N$(K'为常数)

根据这一公式,可以通过测量水样中微粒的散射光强度来测量水样的浊度。散射浑浊度单位为 NTU。

2)浊度计的使用方法

不同的浊度计使用方法有所不同,应根据仪器使用说明书按照仪器操作规程进行使用。一般要求使用前提前开机预热半小时,再进行校准,最后测定实际样品。

3)浊度计使用注意事项

① 浊度计根据使用频率需要定期进行检定或校准,使用过程中需要定期核查。

② 不定期对样品池进行清洁,保证样品池清洁干燥。

③ 比色池(比色管)不能与硬材质摩擦以免有刮痕。

④ 定期用标准浊度液对浊度计进行校正。

⑤ 浊度计的使用环境要控制温湿度。当湿度大,试样温度与浊度计所处环境温度有较大差别时比色池外壁容易起水雾,影响测量的准确度。

(2)pH 计

pH 计又称酸度计,是用于测定溶液 pH 值最常用的仪器。它的基本结构由参比电极、指示电极和电流计三部分组成,参比电极和指示电极也可以组合在一起形成一根复合电极。根据测量电极与参比电极组成的工作电池在溶液中测得的电位差,并利用待测溶液的 pH 值与工作电池的电势大小之间的线性关系,再通过电流计转换成 pH 单位数值来实现测定。

1)pH 计分类

pH 计的类型很多,根据不同的分类原则可以分为以下几种类别:

① 根据仪器精度可以分为 0.2 级、0.1 级、0.02 级、0.01 级、0.001 级,数字越小,精度越高。

② 根据应用场合可以分为笔式 pH 计、便携式 pH 计、实验室 pH 计和工业 pH 计。笔式 pH 计精度低,但是使用方便。便携式 pH 计主要用于现场和野外测定,需要有较高的精度和完善的功能。实验室 pH 计是一种高精度分析仪表,要求精度高、功能全,还需要打印输出、数据处理等功能。工业 pH 计用于工业流程的连续测量,不仅要有测量显示功能,还要有报警和控制功能,以及安装、清洗、抗干扰等问题的考虑,如水厂在线 pH 测定仪。

③ 根据读数指示分为指针式和数字显示式两种。

④ 根据元器件类型分为晶体管式、集成电路式和单片机微电脑式。

2)pH 计使用注意事项

① pH 计使用前用 pH 标准缓冲溶液校准,一般要求两点校准斜率在 95%~105%

之间。

② 电极容易污染，必要时需要对电极进行清洗维护。

③ 电极是易耗品，长期不用会老化，所以当电极性能严重下降时，需要及时更换电极。

④ 不能用于测定强酸强碱溶液，容易损坏电极。

（3）电导率仪

电导率仪，也称电导率计，是实验室测量水溶液电导率必备的仪器。电导率是指水的导电性，它与电解质浓度呈正比，其大小能反应水体中无机盐离子的多少。电导率仪一般由电导池、放大器、振荡器和指示器四部分组成。电导率仪可以分为实验室台式电导率仪、在线电导率仪、便携式电导率仪和笔形电导率仪。电导率的测定受温度影响较大，目前大部分电导率仪带有温度补偿功能，自动调整至 25℃时的电导率。如果不带有温度补偿功能，可以测定电导率的同时测定试样温度，然后通过公式进行换算。

电导率仪使用注意事项：

1）盛被测溶液的容器必须清洁，无离子沾污。

2）为保证测量精度，电极测量前、后应用去离子水（小于 $0.5\mu s/cm$）或者蒸馏水冲洗，使读数归零。

3）测量前，应估计被测溶液的测量数值，尽量避免电导电极的超标使用。

4）仪表应安置于干燥环境，避免因水滴溅射或受潮引起仪表漏电或测量误差。

5）禁止将电极用于搅拌，轻拿轻放，避免过度振荡导致仪器失灵或损坏。

（4）溶解氧仪

溶解氧仪用于测定溶解于水溶液中氧气的含量。溶氧电极分为原电池型和极谱型。原电池型无需外加电压，极谱型需要外加 $0.5\sim1.5V$ 的极化电压。溶解氧仪分为便携式溶解氧仪、台式溶解氧仪和在线连续监测溶解氧仪。

溶解氧仪使用注意事项：

1）不要用手触碰溶氧膜，防止损坏和污染。

2）当读数不正常时需要更换溶解氧仪膜。

3）溶氧膜表面受到污染要细心清洗干净，不能损伤膜。

4）普通溶解氧传感器测量时需要搅拌，适当的搅拌有利于获得真实的溶氧读数。

（5）余氯仪

余氯仪主要有便携式、台式和在线式三种，主要用于测定水样中总氯或者游离氯的量。

测定原理是利用 N，N-二乙基对苯二胺（DPD）与游离氯或在碘催化作用下与总氯发生反应产生红色，再利用分光比色对游离氯或总氯进行定量。

目前实验室最常用的是便携式余氯仪，一般会配套测定总氯或游离氯的药（粉）包。测定时一般先倒入待测水样至刻度线，调零，再加入总氯或者游离氯粉包，盖上瓶盖，摇匀，最后比色读数。

余氯仪使用时要注意：

1）比色瓶不能与硬质材料摩擦产生划痕。

2）比色瓶测完样品后要及时用水清洗干净，否则长时间滞留瓶内，试剂瓶会污染。

3）余氯仪要定期用标准溶液进行校准。

（6）臭氧测定仪

目前用于水体中残留臭氧测定的设备主要是便携式臭氧测定仪，利用臭氧与靛蓝试剂发生蓝色褪色反应进行比色定量。市面上的多功能水质分析仪，除了可以测定游离氯、总氯、二氧化氯，也可以测定臭氧。

5. 在线监测仪表

为了及时掌握水质变化，保障城镇供水水质安全，提高水厂工艺运行和管网调度的科学性、合理性，水质在线监测系统得到了广泛的应用，并逐渐成为水质检测的重要组成部分，其应用的范围覆盖了水源水、工艺段处理水、水厂出水、管网输送水、用户龙头水等各个环节。在线监测的指标也在不断扩展，现常用的在线监测指标有：pH 值、余氯、浑浊度、溶氧、电导率、氨氮、耗氧量、总磷、总氮、叶绿素 a、颗粒计数、氯化物、综合毒性、氟化物、锰、铅等。

（1）常用在线仪表的配置

在线监测系统应覆盖对供水水质安全有影响的关键环节，反映供水水质。仪表的配置及设置点位应根据水质特征、制水工艺特点和应急处置要求确定。

1）水源在线监测仪表配置

① 水源在线检测指标

应根据不同的水源类别以及水质情况按需进行配置，表 2-6 可供参考。

水源在线监测指标设置　　　　　　　　　　　　　　表 2-6

	一般应监测指标（不限）	可能受污染时增加指标(不限)	其他	注
河流型	pH（酸碱度）值、浑浊度、水温、电导率	氨氮、耗氧量、UV254、溶解氧	潮汐影响应增加氯化物指标 水体富营养化时应增加叶绿素 a 指标	存在重金属污染风险时,应增加相应重金属指标;必要时应增加生物综合毒性指标,对水源污染风险进行预警
湖库型	pH（酸碱度）值、浑浊度、溶解氧、水温、电导率	氨氮、耗氧量、UV254		
地下水	pH（酸碱度）值、浑浊度、电导率	铁、锰、砷、氟化物、硝酸盐等		

② 水源在线监测点的布局

监测点的位置应根据预警的要求进行设置，并应根据取水口的位置确定其设置深度。

河流型水源可根据河流形态、潮汐等情况在取水口上游及周边影响取水口水质的河流断面设置在线监测点。

湖库型水源可在对取水口水质有影响的区域设置多个在线监测点。

地下水水源应在汇水区域或井群中选择全部或有代表性的水源井、补压井设置在线监测点。

2）水厂在线监测仪表的配置

① 水厂在线监测指标

应根据生产工艺以及水质控制重点进行配置，表 2-7 可供参考。

水厂在线监测指标设置 表 2-7

	监测指标	工艺运行管理需要 （可增加）	其他
进厂原水	选取对水厂后续生产可能产生影响的指标，如 pH 值、浑浊度、电导率、氨氮等		臭氧活性炭及膜处理工艺建议增加颗粒数量
水厂净化工序出水	浑浊度、pH（酸碱度）值、消毒剂余量	耗氧量、UV254、颗粒数量等	
出厂水	浑浊度、消毒剂余量、pH（酸碱度）值	耗氧量、UV254 等	

② 水厂在线监测点布局

应覆盖进厂原水、主要净化工序出水和出厂水，采用深度处理工艺、膜处理工艺等的水厂应根据工艺需要增设监测点。

（2）在线监测仪表的维护和校验

为了确保在线仪表的正常运行，需要对水质在线监测仪表及配套设施进行定期的核查、维护保养，并按仪器操作要求对仪表进行必要的比对和验证，以保证在线监测数据的可靠性和有效性。

1）浑浊度仪

① 原理：浑浊度测定常采用 90°散射光原理，通过观测由悬浮物质产生的散射光的强度来测定浑浊度。根据水质和控制需要，选择合适量程的浑浊度仪。

② 维护：应根据水质情况对在线浑浊度仪进行定期清洗、比对和校正工作，一般比对校正频率不小于每月 1 次。

③ 比对：按设置点位选择合适的浑浊度标准样品进行比对，也可与实验室台式浊度仪检测结果进行比对，小于 1NTU 样品比对偏差一般要求在±0.1NTU 以内。

④ 校正：应进行零点校正；配制一定浓度的校正液（常用 20NTU），反复校准直至示值与校正液配制值相对误差符合一定要求，校正后应进行实际样品的比对。

2）pH（酸碱度）仪

① 原理：通过检测水中 H^+ 的浓度所产生的电极电位测定 pH 值。

② 维护：定期采用稀酸溶液清洗传感器，实际样品比对试验频率不小于每月 1 次，标准溶液校验频率不小于每季度 1 次。

③ 比对：可选择标准样品，即 pH＝9.18、6.86、4.00（25℃）或等同的标准溶液进行比对；也可选择实际的水样，与实验室玻璃电极法检测的 pH 结果进行比对，一般要求误差在±0.1。

④ 校正：一般选择 pH＝9.18、6.86、4.00（25℃）其中两点的标准溶液进行校正，完成后应进行实际水样比对。

3）余氯仪

① 原理：可采用比色法和电极法两种在线余氯监测仪。比色法是利用指示剂与水样反应产物的显色强度与余氯浓度成正比的原理测定余氯浓度。电极法是利用电极产生的电流强度与余氯浓度成正比的原理测定余氯浓度。

② 维护：定期进行清洗，实际水样比对频率不小于每天 1 次，校正频率不小于每月 1

次。安装厂外的仪表可酌情降低频率。

③ 比对：选择实际水样与实验室的余氯仪检测结果进行比对，一般要求误差在±0.02mg/L。

④ 校正：应采用无氯水进行零点校正；选择余氯浓度在0.05～0.1mg/L和0.5～1.0mg/L之间的水样，以经检定校准的余氯分析仪测定结果对在线余氯仪进行校正，随后进行实际样品的比对。

4）电导率仪

① 原理：通过测定一定电压下水中的两个电极之间的电流值，根据欧姆定律测定电导率。也有采用平行放置的线圈，通过检测电磁感应所产生的电流值来测定水的电导率。

② 维护：定期采用稀盐酸溶液清洗传感器，实际水样比对频率不小于每月1次，校正频率不小于每季度1次。

③ 比对：选择实际水样与实验室电导率仪检测结果进行比对，一般要求相对误差在±1%。

④ 校正：应选择纯水进行零点校正；可按实际水质情况配制一定浓度氯化钾标准溶液进行校正，随后进行实际水样比对。

5）氨氮

① 原理：在线氨氮分析仪主要有分光光度法和离子选择电极法两种。

分光光度法原理，一般采用水杨酸分光光度法，水样中的氨氮与次氯酸盐、水杨酸盐反应生成稳定的蓝色化合物，通过检测水样于697nm波长的吸光度测定氨氮浓度。也是目前较为常用的在线监测方法。

电极法有氨气敏电极法和铵离子选择电极法两种。采用氨气敏电极法时，水样中游离态氨或铵离子在强碱条件下转换成气态氨，气态氨透过半透膜进入氨气敏电极并改变其内部电解液的pH值，通过检测pH值变化测定氨氮浓度。铵离子选择电极法，是游离态的氨在酸性条件下转化为铵离子，铵离子透过电极表面的选择性透过膜并产生电位差，通过检测电位差测定氨氮浓度。

根据水质和控制需要，建议选择检测限小于0.05mg/L的氨氮在线监测仪。

② 维护：水杨酸法采样单元的过滤膜清洗或更换的频率不应小于每周1～2次；标准样品比对频率建议不小于每周1次，校正频率不小于每月1次。

③ 比对：选择高于和低于0.5mg/L的氨氮标准样品进行比对，也可使用实际样品进行比对，一般要求数值误差在±0.05mg/L。

④ 校正：应采用无氯水进行零点校正，配制氨氮标准溶液进行量程校正，完成后进行实际样品的比对。

6）叶绿素 a

① 原理：采用荧光分光光度法测定叶绿素 a。

② 维护：定期对仪表进行清洗维护，实际水样比对试验频率不小于每月1次，校正频率不小于每三月1次。

③ 比对：选择实际水样与实验室测定叶绿素 a（《叶绿素 a 的测定分光光度法》HJ 897标准方法）检测结果进行比对，一般要求相对误差在30%。

④ 校正：应采用纯水进行零点校正；量程校正采用《叶绿素 a 的测定分光光度法》HJ

897标准方法或罗丹明溶液进行定值的小球藻储备液进行校正。

第四节　样品采集及处理

1. 水样类型

（1）瞬时水样

瞬时水样是指在某一时间和地点从水体中随机采集的分散水样。

（2）混合水样

混合水样是指在同一采样点于不同时间所采集的瞬时水样的混合样，有时称"时间混合水样"，以与其他混合水样相区别。

（3）综合水样

把不同采样点同时采集的各个瞬时水样混合后所得到的样品称为综合水样。

2. 水样采集的原则与方法

（1）一般要求

1）理化指标

采样前应先用水样荡洗采样器、容器和塞子2～3次（油类等除外）。

2）微生物学指标

同一水源、同一时间采集几类检测指标的水样时，应先采集供微生物学指标检测的水样。采样时应直接采集，不得用水样涮洗已灭菌的采样瓶，并避免手指和其他物品对瓶口的沾污。

（2）注意事项

1）采样时不可搅动水底的沉积物。

2）采集测定油类的水样时，应在水面至水面下300mm采集柱状水样，全部用于测定。不能用采集的水样冲洗采样器（瓶）。

3）采集测定溶解氧、生化需氧量和有机污染物的水样时，应注满容器，上部不留空间，并采用水封。

4）含有可沉降性固体（如泥沙等）的水样，应分离除去沉积物。分离方法为：将所采水样摇匀后倒入筒形玻璃容器（如量筒），静置30min，将已不含沉降性固体但含有悬浮性固体的水样移入采样容器并加入保存剂。测定总悬浮物和油类的水样除外。需要分别测定悬浮物和水中所含组分时，应在现场经$0.45\mu m$膜过滤后，分别加入固定剂保存。

5）测定油类、BOD_5、硫化物、微生物学、放射性等项目要单独采样。

6）完成现场测定的水样，不能带回实验室供其他指标测定使用。

（3）水源水的采集

水源水是指集中式供水水源地的源水。水源水采样点通常选择汲水处。

1）表层水

在河流、湖泊可以直接汲水的场合，可用适当的容器如水桶采样。从桥上等地方采样时，可将系着绳子的桶或带有坠子的采样瓶投入水中汲水。注意不能混入漂浮在水面上的物质。

2）一定深度的水

在湖泊、水库等地采集具有一定深度的水时，可用直立式采水器。这类装置是在下沉过程中水从采样器中流过。当达到预定深度时容器能自动闭合而汲取水样。在河流流动缓慢的情况下，使用上述方法时，最好在采样器下端系上适宜质量的坠子；当水深流急时，要系上相应质量的铅鱼，并配备绞车。

3）泉水和井水

对于自喷的泉水，可在涌口处直接采样。采集不自喷泉水时，应将停滞在抽水管中的水吸出，新水更替后再进行采样。

从井水采集水样，应在充分抽吸后进行，以保证水样的代表性。

（4）出厂水的采集

出厂水是指集中式供水单位水处理工艺过程完成的水。

出厂水采样点应设在出厂进入输送管道之前处。

（5）末梢水的采集

末梢水是指出厂水经输水管网输送至终端（用户水龙头）处的水。

末梢水的采集：应注意采样时间。夜间可能析出可沉积在管道的附着物，取样时应打开水龙头放水数分钟，排出沉积物。采集用于微生物学指标检验的样品前应对水龙头进行消毒。

（6）二次供水的采集

二次供水是指集中式供水在入户之前经再度储存、加压和消毒或深度处理，经过管道或容器输送给用户的供水方式。

二次供水的采集：包括水箱（或蓄水池）进水、出水以及末梢水。

（7）分散式供水的采集

分散式供水是指用户直接从水源取水，未经任何设施或仅有简易设施的供水方式。

分散式供水的采集应根据实际使用情况确定。

3. 水样采集容器的选择和优化

应根据待测组分的特性选择合适的采样容器。所有样品容器的准备都应确保不发生正负干扰。尽可能使用专用容器。如不能使用专用容器，那么最好准备一套容器进行特定污染物的测定，以减少交叉污染。同时，应注意防止以前采集高浓度分析物的容器因洗涤不彻底污染随后采集的低浓度污染物的样品，见表2-8。

对于新容器，一般应先用洗涤剂清洗，再用纯水彻底清洗。但应确保用于清洁的清洁剂和溶剂不会引起干扰。如测定硅、硼和表面活性剂，则不能使用洗涤剂。所用的洗涤剂类型和选用的容器材质要随待测组分来确定。测磷酸盐不能使用含磷洗涤剂。测硫酸盐或铬则不能用铬酸洗液。测重金属的玻璃容器及聚乙烯容器通常用盐酸或硝酸（1mol/L）浸泡1～2d后用蒸馏水或去离子水冲洗。

对需要测定物理/化学分析物的样品，应使水样充满容器至溢流并密封保存，以减少因与空气中氧气、二氧化碳的反应干扰及样品运输途中的振荡干扰。但当样品需要被冷冻保存时，不应溢满封存。此外，采集微生物样品的容器灌装样品时，可不使水样充满容器，距离瓶塞留下10%的间隙，以方便检测时混匀样品的操作。

容器的材质应化学稳定性强，且不应与水样中组分发生反应，容器壁不应吸收或吸附待测组分。

采样容器应可适应环境温度的变化，抗振性能强。

采样容器的大小、形状和重量应适宜，能严密封口，并容易打开，且易清洗。

应尽量选用细口容器，盖和塞的材料应与容器材料统一。在特殊情况下需用软木塞或橡胶塞时应用稳定的金属箔或聚乙烯膜包裹，最好有蜡封。有机物和某些微生物检测用的样品容器不能用橡胶塞，碱性的液体样品不能用玻璃塞。

对无机物、金属和放射性元素测定水样应使用有机材质的采样容器，如聚乙烯塑料容器等。

对有机物和微生物学测定水样应使用玻璃材质的容器。

特殊项目的水样采集应根据检测方法的具体要求确定，可选用其他化学惰性材料材质的容器，如热敏物质应选用热吸收玻璃容器；温度高、压力大的样品应选用不锈钢容器；生物（含藻类）样品应选用不透明的非活性玻璃容器，并存放阴暗处；光敏性物质应选用棕色或深色的容器。

生活饮用水中常规检验指标的容器选择和取样体积　　表 2-8

指标分类	容器材质	取样体积(L)
一般理化	聚乙烯	3～5
挥发酚与氰化物	玻璃	0.5～1
金属	聚乙烯	0.5～1
汞	聚乙烯	0.2
耗氧量	玻璃	0.2
有机物	玻璃	0.2
微生物(两虫除外)	玻璃	0.5
两虫	滤囊或滤芯	20(原水),100(饮用水)
放射性	聚乙烯	3～5

4. 采集水样的保存措施和条件

（1）保存措施

应根据测定指标选择适宜的保存方法，主要有冷藏、加入保存剂等。

（2）保存剂

保存剂不能干扰待测物的测定，不能影响待测物的浓度。如果是液体，应校正体积的变化。保存剂的纯度和等级应达到分析的要求。

保存剂可预先加入采样容器中，也可在采样后立即加入。易变质的保存剂不能预先添加。

（3）保存条件

水样的保存期限主要取决于待测物的浓度、化学组成和物理化学性质。

水样保存没有通用的原则。由于水样的组分、浓度和性质不同，同样的保存条件不能保证适用于所有类型的样品，在采样前应根据样品的性质、组成和环境条件来选择适宜的保存方法和保存剂，见表 2-9、表 2-10。

采样容器和水样的保存方法（《生活饮用水卫生标准》GB 5749 水质常规指标）　表 2-9

项目	采样容器	保存方法	保存时间
1. 微生物指标			
微生物[b]（总、耐热大肠、大肠埃希、菌落）	G（灭菌）	每 125mL 水样加入 1.0mg 硫代硫酸钠除去残留余氯	4h

续表

项目	采样容器	保存方法	保存时间
2. 毒理指标			
砷	G,P	硫酸,至 pH≤2	7d
镉	G,P	1L 水样中加浓硝酸 10mL	14d
六价铬	G,P(内壁无磨损)	氢氧化钠,pH=7~9	尽快测定
铅	G,P	1L 水样中加浓硝酸 10mL	14d
汞	G,P	硝酸(1+9,含重铬酸钾 50g/L)至 pH≤2	30d
硒	G,P	1L 水样中加浓盐酸 2mL	14d
氰化物、挥发酚类[b]	G	氢氧化钠,pH≥12,如有游离余氯,加亚砷酸钠除去	24h
F[b]	P	冷藏,避光	14d
$NO_3^- $-N[b]	G,P	每升水样加入 0.8mL 浓硫酸	24h
三氯甲烷	G,带聚四氟乙烯薄膜的小瓶	冷藏,水样充满容器	14d
四氯化碳	G,带聚四氟乙烯薄膜的小瓶	冷藏,水样充满容器	14d
溴酸盐(使用臭氧时)	G,P	冷藏	7d
甲醛(使用臭氧时)、(乙醛、丙烯醛[b])	G	每升水样加入 1mL 浓硫酸	24h
亚氯酸盐(使用二氧化氯消毒时)	G,P	冷藏,避光	尽快测定
氯酸盐(使用复合二氧化氯消毒时)	G,P	冷藏	7d
3. 感观性状和一般化学指标			
色度[a]	G,P	冷藏	12h
浑浊度[a]	G,P	冷藏	12h
嗅和味	—		
肉眼可见物	—		
pH[a]	G,P	冷藏	12h
一般金属(铝、铁、锰、铜、锌)	P	硝酸,pH≤2	14d
Cl[b]	G,P	冷藏,避光	28d
SO_4^{2-}[b]	G,P	冷藏,避光	28d
溶解性总固体	—		
总硬度	—		
COD	G	每升水样加入 0.8mL 浓硫酸,冷藏	24h
挥发性有机物[b](挥发性酚类)	G	用盐酸(1+10)调至 pH≤2,加入抗坏血酸 0.01~0.02g 除去残留余氯	12h
阴离子合成洗涤剂	G,P	冷藏,避光	2d

续表

项目	采样容器	保存方法	保存时间
4. 放射性指标			
放射性物质	P	—	5d

a,现场测定;b,低温(0～4℃)避光保存。
G,硬质玻璃瓶;P,聚乙烯瓶(桶)。
d,天;h,小时。

采样容器和水样的保存方法（《生活饮用水卫生标准》GB 5749 水质非常规指标及其他指标）

表 2-10

项目	采样容器	保存方法	保存时间
电导[a]	G,P	—	12h
碱度[b]	G,P	冷藏,避光	12h
酸度[b]	G,P	冷藏,避光	30d
DO[a]	溶解氧瓶	加入硫酸锰,碱性碘化钾叠氮化钠溶液,现场固定	24h
BOD$_5$[b]	溶解氧瓶	冷藏,避光	12h
TOC	G	加硫酸,pH≤2	7d
Br[b]	G,P	冷藏	14h
I$^-$[b]	G	氢氧化钠,pH=12	14h
PO$_4^{3-}$	G,P	氢氧化钠,硫酸调 pH=7,三氯甲烷 0.5%	7d
氨[b]	G,P	每升水样加入 0.8mL 浓硫酸	24h
硫化物	G	每 100mL 水样加入 4 滴乙酸锌溶液(220g/L)和 1mL 氢氧化钠溶液(40g/L),暗处放置	7d
Ag	G,P(棕色)	硝酸,至 pH≤2	14d
B	P	水样充满容器密封	14d
卤代烃类[b]	G	现场处理后冷藏	4h
多氯联苯	G 溶剂洗,带聚四氟乙烯瓶盖	冷藏,水样充满容器	7d
苯并(a)芘[b]	G 溶剂洗,带聚四氟乙烯瓶盖	冷藏,水样充满容器	尽快测定
油类	G(广口瓶)	加入盐酸,至 pH≤2	7d
农药类[b]	G(衬聚四氟乙烯盖)	加入抗坏血酸 0.01～0.02g 除去残留余氯	24h
除草剂类[b]	G	加入抗坏血酸 0.01～0.02g 除去残留余氯	24h
邻苯二甲酸酯类[b]	G	加入抗坏血酸 0.01～0.02g 除去残留余氯	24h
NO$_2^-$-N[b]	G,P	冷藏	尽快测定
生物[b]	G,P	当现场不测定时用甲醛固定	12h

注:a,现场测定;b,低温(0～4℃)避光保存。G,硬质玻璃瓶;P,聚乙烯瓶(桶);d,天;h,小时。

5. 采集水样的运输与管理

（1）样品管理

1）除用于现场测定的样品外，大部分水样都需要运回实验室进行分析。在水样的运输和实验室管理过程中应保证其性质稳定、完整，不受沾染、损坏和丢失。

2）现场测试样品，应严格记录现场检测结果并妥善保管。

3）实验室测试样品，应认真填写采样记录或标签，并粘贴在采样容器上，注明水样编号、采样者、日期、时间及地点等相关信息。在采样时还应记录所有野外调查及采样情况，包括采样目的、采样地点、样品种类、编号、数量、样品保存方法及采样时的气候条件等。

（2）样品运输

1）水样采集后应立即送回实验室，根据采样地点的地理位置和各项目的最长可保存时间选用适当的运输方法。在现场采样工作开始之前就应安排好运输工作，以防延误。

2）样品装运前应逐一与样品登记表、样品标签和采样记录进行核对，核对无误后分类装箱。

3）塑料容器要塞进内塞，拧紧外盖，贴好密封带。玻璃瓶要塞紧磨口塞，并用细绳将瓶塞和瓶颈拴紧，或用封口胶、石蜡封口。待测油类的水样不能用石蜡封口。

4）需要冷藏的样品，应配备专门的隔热容器，并放入制冷剂。

5）冬季应该采取保暖措施，以防样品瓶冻裂。

6）为防止样品运输过程中因振动、碰撞而导致损失或沾污，最好能将样品装箱运输。装运用的箱和盖都需要用泡沫塑料或瓦楞纸板作衬里或隔板，并使箱盖适度压住样品瓶。

7）样品箱应有"切勿倒置"和易碎物品的明显标识。

6. 水样采集的现场记录与现场测定

采样记录表（可参照表 2-11），一般包括采样现场描述与现场测定项目两部分内容，均应认真填写。具体内容包括：

（1）水温：用经检定的温度计直接插入采样点测量。深水温度用电阻温度计或颠倒温度计测量。温度计应在测点放置 5～7min，待测得水温恒定不变后读数。

（2）pH 值：使用便携式 pH 计测定。

（3）溶解氧：用膜电极法（注意防止膜上附着微小气泡）。

（4）透明度：用透明度计测定。

（5）电导率：用电导率仪测定。

（6）浊度：用便携式浊度仪测定。

（7）余氯：用便携式余氯仪测定。

（8）水样感官指标的描述：颜色，用相同的比色管分取等体积的水样和蒸馏水作比较，进行定性描述。水的气味、水面有无油膜等均应作现场记录。

（9）其他必要的水文参数或气象参数。

7. 水样采集的质量控制

（1）现场空白

1）现场空白是指在采样现场以纯水作样品，按照测定项目的采样方法和要求，与样品相同条件下装瓶、保存、运输，直至交送实验室分析。

采样现场数据记录　　　　　　　　表 2-11

项目名称：

样品描述：

采样地点	样品编号	采样日期	时间		pH	温度	其他参量			备注
			采样开始	采样结束						

采样人：　　　　　　交接人：　　　　　　复核人：　　　　　审核人：

2) 通过将现场空白与实验室内空白测定结果相对照，掌握采样过程中操作步骤和环境条件对样品质量影响的状况。

3) 现场空白所用的纯水要用洁净的专用容器，由采样人员带到现场，运输过程中应注意防止沾污。

(2) 现场平行样

1) 现场平行样是指在同等采样条件下，采集平行双样密码送实验室分析，测定结果可反映采样与实验室测定的精密度。当实验室精密度受控时，主要反映采样过程的精密度变化情况。

2) 现场平行样要注意控制采样条件及操作条件一致。对水质中非均相物质或分布不均匀的污染物，在样品灌装时摇动采样器，使样品保持均匀。

3) 现场平行样占样品总量的 10％以上，一般每批样品至少采集 2 组平行样。

(3) 现场加标样或质控样

1) 现场加标样是取一组现场平行样，将实验室配制的一定浓度的被测物质的标准溶液，等量加入到其中一份已知体积的水样中，另一份不加标样，然后按样品要求进行处理，送实验室分析。将测定结果与实验室加标样对比，掌握测定对象在采样运输过程中的准确度变化情况。现场加标除加标在采样现场进行外，其他要求应与实验室加标样相一致。现场使用的标准溶液与实验室使用的为同一标准溶液。

2) 现场质控样是指将标准样或与样品基体组分接近的标准控制样带到采样现场，按样品要求处理后与样品一起送实验室分析。

3) 现场加标样或质控样的数量，一般控制在样品总量的 10％以上，每批样品不少于 2 个。

8. 样品前处理

在水质分析中常需将样品进行前处理，其主要目的有：

1) 消除共存物质的干扰。水中有干扰物质存在时需设法将其消除或将被测物质分离出来，再进行测定。

2) 将被测物质处理为可以进行测定的状态。例如测定总硒时需将六价硒和低价硒转变为四价，然后进行测定。

3) 水中被测组分含量较低时，常需进行富集浓缩后测定。

对于不同的检测项目，前处理方法与技术也不尽相同，有时样品的前处理往往是整个检测过程的关键。水质分析中常用的前处理方法有以下几种：

(1) 过滤、絮凝沉淀法

测定水样中溶解性物质，如可溶性正磷酸盐、可溶性金属等，常用 $0.45\mu m$ 滤膜对水样进行过滤。$0.45\mu m$ 滤膜能够方便地区分开溶解物和颗粒物。如测定可溶性金属时，采样后立即用 $0.45\mu m$ 的滤膜过滤水样。用最初的 $100mL$ 滤液洗滤瓶，弃去。收集滤液至需要的体积，用 $1+1$ (V/V) 硝酸酸化至 $pH \leqslant 2$ 后再进行测定。

对于污染较轻的水样中有些无机物的测定，采用絮凝沉淀法对水样进行前处理，以除去干扰物质。如测定地表水中氨氮时，采用絮凝沉淀法对水样进行前处理，利用硫酸锌和氢氧化钠生成的氢氧化物沉淀吸附作用以消除或减弱颗粒物的干扰，然后取上清液进行测定。

（2）蒸馏法

蒸馏法是环境水样前处理的常用方法，可将氟化物、氰化物、挥发酚等以酸的形式蒸出，氨氮以氨的形式蒸出，而干扰物质留在溶液中。在蒸馏水样时，调节水样的 pH 值非常重要。如测定水样中挥发酚时，需用硫酸溶液调节水样 pH 值到 4.0 以下，由于酚类化合物的挥发速度随馏出液体积变化而变化，馏出液体积需和原蒸馏液相当。在蒸馏过程中，需检查装置气密性以防损失，同时注意控制蒸馏温度适当，防止暴沸。

（3）消解处理法

在进行水样的无机元素的测定时，需要对水样进行消解处理。通过消解，可破坏有机干扰物、溶解颗粒物，并将各种价态的待测元素氧化为单一高价态，或转换为易于分离的无机化合物，从而便于测定。在水质分析检测中，常用的消解处理法有以下几种：

1）酸消解法

酸消解法是测定水样中金属及其化合物的常用消解方法。通过消解，可使水样中无机结合态和有机结合态的金属，以及悬浮固体颗粒物中的金属化合物转变为游离态金属离子，以便于进行原子吸收等测定。

对于火焰原子吸收法和石墨炉原子吸收法，一般以稀硝酸消解水样。硝酸消解法：取适量混匀水样（$50\sim100mL$）于高型烧杯中，加 $5mL$ 硝酸，加热并保持微沸状态，蒸发到大约 $15\sim20mL$，再加 $5mL$ 硝酸，盖上玻璃表面皿，加热使发生缓慢回流。必要时再加硝酸，直到消化完全，溶液清澈而呈浅色。用纯水冲洗烧杯壁和表面皿，必要时可稍加热，然后用玻璃砂芯漏斗过滤。用少许纯水洗涤烧杯和滤器 $2\sim3$ 次，合并滤液与洗涤液，以纯水稀释至一定体积供测定。

用原子吸收法测定金属时，消解用的酸非常重要，作为基体应不影响后面的测定。对于浓度在 mg/L 级以上的金属测定，消解样品所用的试剂级别在分析纯以上即可。对于浓度在 $\mu g/L$ 级的金属离子的测定，消解所用的实验用水、试剂、仪器及工作环境均有特殊要求，否则空白值高、波动大，而无法准确定量。

2）高温高压消解法

利用高温高压的密封环境，可快速消解水样中的难溶物质，使消解过程大为缩短，且使被测组分的挥发损失降到最小。地表水中总磷、总氮的测定，即是通过高温高压消解法预处理水样。如总氮的测定，是在高温高压条件下，用强氧化性的碱性过硫酸钾溶液消解水样，将水样中的氨、铵盐、亚硝酸盐以及大部分氮化合物氧化为硝酸盐，然后用紫外分光光度法进行测定。

3）密封催化消解法

密封催化消解法是测定水中化学需氧量时的样品前处理方法，是一种快速消解方法。通过硫酸银的催化，以及密封状态下的高压条件，可快速消解水样。用密封催化消解法预处理水样，较回流法操作简单，方便快速，且准确度也能满足要求。

（4）共沉淀法

共沉淀法是指进行沉淀反应时，溶液中某些组分在该条件下被沉淀携带下来而共存于沉淀之中。共沉淀法操作简便，实验条件也易于满足，但需取大量样品进行处理，离心或过滤较难。

共沉淀剂应具备以下条件：易于并有选择地吸附某些组分或生成混晶；具有较大的比重，容易沉降分离；易溶于酸或其他试剂；同时不妨碍之后的测定。

共沉淀剂可分为无机共沉淀剂和有机共沉淀剂。无机共沉淀剂的作用有：

1）利用表面吸附进行共沉淀，常用的共沉淀剂有 $Al(OH)_3$、$Fe(OH)_3$ 等胶状沉淀，也有用溶解度小的硫化物作为共沉淀剂。

2）利用生成混晶进行共沉淀，这种方法的选择性比吸附性共沉淀法好。

3）利用被共沉淀的痕量元素作为晶核，使共沉淀剂在晶核上面长大进而沉淀下来。

4）利用转化或交换作用进行共沉淀，即用一种难溶的化合物与存在于溶液中的微量组分形成更难溶的物质。

有机沉淀剂所得到的共沉淀，用简单的灼烧方法就可把沉淀中的有机载体除去，因此不会影响以后的测定。许多有机共沉淀剂选择性高，方法的干扰问题少，且沉淀剂的分子量较大，体积也较大，有利于微量分析。

共沉淀富集法在水质分析中有广泛的应用，如用氢氧化镁 $Mg(OH)_2$ 共沉淀富集后测定水中金属：水样中的铜、铁、锌、锰、镉、铅等金属离子经氢氧化镁共沉淀捕集后，加硝酸溶解沉淀，将此酸性溶液用原子吸收法测定。

（5）液液萃取法

液液萃取法是利用物质在不同溶剂相中分配系数不同，从而达到组分的分离和富集。在水质分析中，液液萃取法在无机组分和有机组分的分离富集中均有应用。

1）无机物质的萃取

先加入一种试剂，使其与水相中的离子态组分相结合，生成不带电、易溶于有机溶剂的物质，从而能用有机溶剂萃取分离。若被萃取组分是有色化合物，则可将分离出的有机相直接进行比色测定。

螯合剂能与水中的金属离子生成螯合物，螯合物易溶于有机溶剂中，从而可将金属离子从水中萃取出来。这种萃取体系称为螯合物萃取体系，广泛应用于金属离子的萃取。常用的螯合剂有双硫腙、8-羟基喹啉、二乙基二硫代氨基甲酸钠（DDTC）等，这些螯合剂能与多种金属离子形成有色化合物，可比色测定。常用的有机萃取溶剂有氯仿、四氯化碳、苯等，见表2-12。

螯合物萃取体系在水质分析中的应用 表 2-12

测定金属	螯合剂	比色测定波长（nm）
铜	DDTC	436
锌	双硫腙	535
汞	双硫腙	485

续表

测定金属	螯合剂	比色测定波长(nm)
镉	双硫腙	518
铅	双硫腙	510
四乙基铅	双硫腙	目视比色定量

液液萃取法还可用于水中阴离子合成洗涤剂的富集，利用亚甲蓝与阴离子表面活性剂形成的离子缔合物，用氯仿萃取后再进行测定。

2）有机物质的萃取

分散在水相中的有机物质易被有机溶剂萃取，从而能通过萃取富集水样中的有机物质进行测定。

在水质分析中常采用间歇萃取法，此方法是在分液漏斗中进行。利用与水不互溶的有机溶剂与水样一起振荡，大部分被萃取物质即进入有机相，仅有一小部分仍留在水相中。萃取率的高低取决于被萃取物在两相中分配比的差异。

若一次萃取达不到预期要求，可以进行两次或多次萃取。水样经多次萃取后最终剩余的被萃取物的含量按式 2-9 计算：

$$W_n = W_0 \left(\frac{V_{水}}{DV_{有} + V_{水}} \right)^n \tag{2-9}$$

式中：W_n——经 n 次萃取后剩余的被萃取物的含量；

　　　W_0——原水样中被萃取物的含量；

　　　D——萃取物在有机相和水相间的分配比；

$V_{水}$、$V_{有}$——分别为水样和萃取剂的体积。

液液萃取的操作步骤主要可分为三步：

① 萃取

a. 将一定体积水样加入分液漏斗，所加水样体积不得超过分液漏斗容量的四分之三。加入适量的有机溶剂，用手或振荡器振摇使有机相和水相充分混合，振荡时间一般为几分钟到半小时。

b. 振荡时应按住玻璃塞，振荡过程中需经常倒转分液漏斗使管颈朝上并打开分液漏斗活塞以平衡内部气压。关闭活塞后再继续振摇。如此不断重复操作。

c. 为了提高萃取效率，可加盐类使水相饱和。常用的无机盐为硫酸钠、硫酸铵、氯化钠等。

d. 按少量多次的原则，每次用部分萃取剂多次萃取。但萃取次数过多，不仅增加工作量且加大操作误差。

② 分层

萃取结束后，让溶液静置分层使两相分开。若发生两相间界面不清，即乳化现象，可按以下操作帮助分层：1）适当增加电解质（如氯化钠）的用量，利用盐析作用加大两相间的密度差；2）离心后再静置；3）部分比较粘稠的浮浊层，加入几滴适宜的溶剂（如丙酮、乙醇等）减低水的表面张力以帮助分层。

③ 洗涤

洗涤的目的是除去萃取剂中的杂质。根据萃取剂的性质选择洗涤试剂。若有机相为酸性，则用弱碱溶液（如稀的碳酸钠、碳酸氢钠等）进行洗涤，然后用水洗至中性。

液液萃取作为水样前处理的经典方法，特别是痕量有机污染物的前处理，在水质分析中应用广泛，如石油类采用四氯乙烯萃取检测；氯苯类采用石油醚从水相中萃取，浓缩后GC测定。因液液萃取常使用大量的有毒有害的有机试剂，后续浓缩等操作也较为繁锁，因此随着新的前处理方法或新检测技术的发展，液液萃取应用范围在不断缩减。

（6）衍生化技术

衍生化技术，即通过化学反应将样品中难以分析检测的目标化合物，定量地转化为易于分析检测的化合物，通过后者的分析检测可以对目标化合物进行定性和定量分析。衍生化技术在色谱分析中具有广泛的应用。

衍生化技术的作用：

1）将某些高沸点、热不稳定的化合物通过衍生化转化为热稳定、可汽化的化合物，然后用气相色谱分析。如水样中丙烯酰胺的测定，丙烯酰胺是一种热不稳定化合物，温度超过 120℃即会分解，通过溴加成反应生成热稳定的化合物，经萃取后再用气相色谱测定。

2）提高检测的灵敏度。如液相色谱的荧光检测器灵敏度很高，但很多化合物没有荧光性质，通过衍生化给化合物接上荧光基团，可提高这些化合物的检测灵敏度。呋喃丹、甲萘威等物质本没有荧光性质，经液相色谱分离后柱后衍生，生成带荧光基团的化合物，进而用荧光检测器检测。

3）改变化合物的色谱性能，改善分离度。如一些异构体在色谱柱上很难分离，通过衍生化反应，使两个异构体生成的衍生物色谱性能产生较大差异而得到分离。

随着高灵敏度检测设备的发展应用，检测方法的推进，操作繁琐的衍生化技术在水质检测领域也随着被取代。如卤乙酸、丙烯酰胺的检测，都出现了直接进样 UPLC/MS/MS 的方法。

（7）固相萃取法

固相萃取法（SPE）是近年来发展起来的一种样品预处理技术，由液固萃取和柱液相色谱技术相结合发展而来，主要用于样品的分离、纯化和浓缩，与传统的液液萃取法相比较可以提高分析物的回收率，更有效地将分析物与干扰组分分离，减少样品预处理过程，操作简单、省时、省力。

固相萃取法的操作步骤：

1）样品预处理：依据目标分析物、样品基体和它们的保留型不同，对样品进行溶解、pH 值调节、离心分离、过滤、稀释和加缓冲溶液等处理。

2）萃取柱活化：选一种溶剂通过 SPE 小柱，以润湿和活化 SPE 填料，使分析物能与固相表面紧密接触，易于发生吸附作用，还可除去柱内可能存在的杂质，减少污染；之后还须选择一种极性和 pH 值与样品基体相似的溶液替换溶剂，以使样品溶液与吸附剂表面良好接触，提高萃取效率。

3）上样：将预处理好后的样品注入活化后的 SPE 小柱上，然后利用加压、抽真空或离心的方式，使液体样品以适当流速通过 SPE 小柱。

4）淋洗：选择中等强度的混合溶剂，尽可能洗涤除去基体中的干扰组分，又不会导致目标萃取物流失。

5）洗脱：用小体积的适当的洗脱溶剂将分析物洗脱下来并收集；挥干溶剂以备用或直接分析。

（8）固相微萃取法

固相微萃取法（SPME）是利用吸附过程中固液或固气两相间建立了吸附平衡的萃取技术。固相微萃取装置类似于一个微型注射器，由手柄和萃取头（纤维头）两部分构成。萃取头是一根长约 1cm、涂有不同固定相涂层的熔融石英纤维，该涂层具有萃取功能，通过涂层与样品直接或间接的接触，可对目标分析物进行富集浓缩，解吸后进样，从而对样品中的目标物进行准确分析。水中致臭物质土臭素和 2-甲基异莰醇检测采用了 SPME 的前处理方法。

固相微萃取方法分为萃取和解析两步：

1）萃取。将萃取器针头插入样品瓶内，压下手柄，使具有吸附涂层的萃取纤维暴露在样品中进行萃取，经一段时间后，拉起手柄，使萃取纤维缩回到起保护作用的不锈钢针管中，然后拔出针头完成萃取过程。

2）解吸过程。在气相色谱分析中采用热解吸，在液相色谱中则采用少量溶剂洗脱。

固相微萃取的选择性主要取决于涂层材料的性能，根据分析物易被其极性相似的固相涂层萃取的原则，选择适宜极性的涂层。固相微萃取是一个逐渐达到平衡的过程，萃取时间、萃取温度、萃取模式、溶液 pH 值、盐浓度、搅拌等条件均会对吸附萃取效率有所影响。

（9）静态顶空和吹扫捕集法

静态顶空和吹扫捕集法是目前各国通用的测定挥发性有机物的方法。两者均属于气相色谱中的顶空进样法。顶空进样是通过样品基质上方的气体成分来测定这些组分在原样品中的含量。其基本原理是在一定条件下气相和凝聚相（液相或固相）之间存在分配平衡。顶空进样只取气相部分进行分析，大大减少了样品基质对分析的干扰。

静态顶空是将样品密封在一个容器中，在一定温度下放置一段时间使气液两相达到平衡，取气相部分进样。静态顶空样品只可测定一次，第一次取样后，样品组成已经发生了变化，第二次取样结果就会不同于第一次。吹扫捕集是在样品中连续通入惰性气体，挥发性气体随该萃取气体从样品中逸出，再通过一个吸附装置将样品浓缩后，最后将样品解析进入气相色谱仪分析。

第五节　质量控制

实验室质量控制是指为将分析测试结果的误差控制在允许限度内所采取的控制措施，也是发现和消除实验室间存在的系统误差的重要手段。

实验室质量控制包括实验室内质量控制（内部质量控制）和实验室间质量控制（外部质量控制）两部分内容。实验室内质量控制主要有空白实验、校准曲线的核查、平行样分析、加标样分析以及使用质量控制图等。实验室间质量控制主要指实验室间比对、能力验证、测量审核等。

1. 基本概念

（1）误差

1) 误差的分类

误差按其性质和产生的原因，可分为系统误差、随机误差和过失误差。

① 系统误差

系统误差产生的原因有方法误差、仪器误差、试剂误差、个人误差、环境误差等。可以通过仪器校准、空白试验、回收实验、对照分析（标准物质与实际样品在同等条件下测定）等方法减少系统误差。

② 随机误差

随机误差产生的原因是由许多不可控制或未加控制的因素微小波动引起的。如环境温度变化、电源电压的微小波动、仪器噪声的变化、分析人员判断能力和操作能力的差异等，因此，随机误差可以看作是大量随机因素造成的误差的叠加，它可以减小，但不能消除。减小的方法是利用随机误差的抵偿性，增加测量次数。

③ 过失误差

过失误差也称粗差，是由测量过程中发生不应有的错误造成的，如错用样品、错加试剂、样品损失、仪器故障、记录错误、计算错误等。过失误差无规律，一经发现必须立即纠正，含有过失误差的数据经常表现为离群数据，可以用离群数据的统计检验方法将其剔除。

2) 误差表示方法

① 绝对误差：测量值（单一测量值或多次测量的均值）与真值之差。当测量结果大于真值时，误差为正，反之为负。

$$绝对误差 = 测量值 - 真值 \tag{2-10}$$

② 相对误差：绝对误差与真值的比值，常以百分数表示

$$相对误差(RE\%) = \frac{绝对误差}{真值} \times 100\% \tag{2-11}$$

③ 绝对偏差：某一测量值与多次测量值的均值之差

$$d_i = x_i - \bar{x} \tag{2-12}$$

④ 相对偏差：绝对偏差与均值的比值

$$相对偏差(\%) = \frac{d_i}{\bar{x}} \times 100\% \tag{2-13}$$

⑤ 平均偏差：绝对偏差的绝对值之和的平均值

$$平均偏差\ \bar{d} = \frac{1}{n} \sum_{i=1}^{n} |d_i| \tag{2-14}$$

⑥ 相对平均偏差：平均偏差和均值的比值

$$相对平均偏差 = \frac{\bar{d}}{\bar{x}} \times 100\% \tag{2-15}$$

⑦ 极差：一组测量值中最大值与最小值之差，表示误差的范围，以 R 表示

$$R = x_{max} - x_{min} \tag{2-16}$$

⑧ 差方和 S、方差 s^2、标准偏差 s、相对标准偏差 $RSD\%$ 或变异系数 $CV\%$，用以下各式表示：

$$S=\sum_{i=1}^{n} x_i^2-\frac{1}{n}\left(\sum_{i=1}^{n} x_i\right)^2$$

$$s^2=\frac{1}{n-1}\left[\sum_{i=1}^{n} x_i^2-\frac{1}{n}\left(\sum_{i=1}^{n} x_i\right)^2\right]$$

$$s=\sqrt{\frac{1}{n-1}\left[\sum_{i=1}^{n} x_i^2-\frac{1}{n}\left(\sum_{i=1}^{n} x_i\right)^2\right]}$$

$$RSD\%=\frac{s}{\bar{x}}\times100\% \tag{2-17}$$

（2）精密度

1）检验方法

检验分析方法精密度时，通常以空白溶液（实验用水）、标准溶液（浓度可选在校准曲线上限浓度值的 0.1 和 0.9 倍）、实际水样、水样加标等几种分析样品，求得批内、批间和总标准偏差。各类偏差值应等于或小于分析方法规定的值。

在考查精密度时还应注意以下几个问题：

① 分析结果的精密度与样品中待测物质的浓度水平有关。因此，必要时应取两个或两个以上不同浓度水平的样品进行分析方法精密度的检查。

② 精密度可因与测定有关的实验条件的改变而变动，通常由一整批分析结果中得到的精密度，往往高于分散在一段较长时间里的结果的精密度。如有可能，最好将组成固定的样品分为若干批分散在适当长的时期内进行分析。

③ 标准偏差的可靠程度受测量次数的影响，因此，对标准偏差做较好估计时（如确定某种方法的精密度）需要足够多的测量次数。

④ 通常以分析标准溶液的办法了解方法的精密度，这与分析实际样品的精密度可能存在一定的差异。

⑤ 准确度良好的数据必须具有良好的精密度，精密度差的数据则难以判别其准确程度。

2）表示方法

精密度通常用极差、平均偏差和相对平均偏差、标准偏差和相对标准偏差表示，标准偏差在数理统计中属于无偏估计量而被采用。

（3）准确度

1）检验方法

可用测量标准样品或以标准样品做回收率测定的方法评价方法和测量系统的准确度。

① 使用标准物质进行分析测定，比较测定值与参考值，其绝对误差或相对误差应符合方法规定的要求。

② 测定加标回收率，在样品中加入一定的标准物质测其回收率，这是实验室中常用的确定准确度的方法，从多次回收试验的结果中，还可以发现方法的系统误差。

③ 不同方法的比较，不同原理的分析方法具有相同的不准确性的可能性极小，当对同一样品用不同原理的分析方法测定，并获得一致的测定结果时，可将其作为真值的最佳估计。

当用不同分析方法对同一样品进行重复测定时，若所得结果一致，或经统计检验表明其差异不显著时，则可认为这些方法都具有较好的准确度。若所得结果呈现显著性差异，则应以被公认的可靠方法为准。

2）表示方法

准确度用绝对误差或相对误差表示。

（4）检出限

1）定义

检出限为某特定分析方法在给定的置信度（通常为95%）内可从样品中检出待测物质的最小浓度或最小量。所谓"检出"是指定性检出，即判定样品中存有浓度高于空白的待测物质。

检出限除了与分析中所用试剂和水的空白有关外，还与仪器的稳定性及噪声水平有关。灵敏度和检出限是两个从不同角度表示检测器对测定物质敏感程度的指标，前者越高、后者越低，说明检测器性能越好。

2）计算方法

① 在《全球环境监测系统水监测操作指南》中规定：给定置信水平为95%时，样品测定值与零浓度样品的测定值有显著性差异即为检出限 DL。零浓度样品指不含待测物质的样品。

$$DL = 4.65\delta \tag{2-18}$$

式中：δ——空白平行测定（批内）标准偏差（重复测定20次以上）。

② 国际纯粹和应用化学联合会（IUPAC）对检出限作如下规定：

对各种光学分析方法，可测量的最小分析信号 x_L 以式2-19确定：

$$x_L = \overline{x_b} + K'S_b \tag{2-19}$$

式中：$\overline{x_b}$——空白多次测得信号的平均值。

S_b——空白多次测得信号的标准偏差。

K'——根据一定置信水平确定的系数。

由于低浓度水平的测量误差可能不遵从正态分布，且空白的测定次数有限，因而与 $K'=3$ 相应的置信水平大约为90%。

与 $x_L - \overline{x_b}$（即 $K'S_b$）相应的浓度或量即为检出限。

$$DL = (x_L - \overline{x_b})/k = K'S_b/k \tag{2-20}$$

式中：k——方法的灵敏度（即校准曲线的斜率）。

为了评估 $\overline{x_b}$ 和 S_b，实验次数必须至少20次。

③ 美国 EPA SW-846 中规定方法检出限：

$$MDL = 3.143\delta（\delta 重复测定 7 次）$$

④ 分光光度法中，可以扣除空白值后的与 0.010 吸光度相对应的浓度值为检出限。

⑤ 气相色谱分析的最小检测量系指检测器恰能产生与噪声相区别的响应信号时所需进入色谱柱的物质的最小量，一般认为恰能辨别的响应信号。最小检测浓度系指最小检测量与进样量（体积）之比。

⑥ 某些离子选择电极法规定：当校准曲线的直线部分外延的延长线与通过空白电位且平行于浓度轴的直线相交时，其交点所对应的浓度值即为该离子选择电极法的检出限。

（5）测定限

测定限为定量范围的两端，分别为测定上限与测定下限。

1）测定下限

在测定误差能满足预定要求的前提下，用特定方法能准确地定量测定待测物质的最小浓度或量，称为该方法的测定下限。

测定下限反映出分析方法能准确地定量测定低浓度水平待测物质的极限可能性。在没有（或消除了）系统误差的前提下，它受精密度要求的限制。分析方法的精密度要求越高，测定下限高于检出限越多。

《美国 EPA SW-846 环境监测方法选编》规定 $4MDL$ 为定量下限（RQL），即 4 倍检出限浓度作为测定下限，其测定值的相对标准偏差约为 10%，目前环境检测基本采用了 $4MDL$。日本工业标准（JIS）规定定量下限为 10 倍的 MDL。

2）测定上限

对没有（或消除了）系统误差的特定分析方法的精密度要求不同，测定上限也将不同。

3）最佳测定范围

在此范围内能够准确地定量测定待测物质的浓度或量。

（6）校准曲线

1）校准曲线的绘制

① 配制标准溶液的系列，浓度点不得少于 6 个（含空白），溶液以纯溶剂为参比进行测量后，应先作空白校正，然后绘制标准曲线。

② 制作校准曲线用的容器和量器，应经检定合格，如使用的比色管应配套，必要时应进行容积的校正。

③ 使用校准曲线时，应选用曲线的直线部分和最佳测量范围，不得任意外延。

④ 标准溶液一般可直接测定（未考虑基体效应），但如试样的预处理较复杂致使污染或损失不可忽略时，应和试样同样处理后再测定，此时应做工作曲线。

⑤ 校准曲线的斜率常随环境温度、试剂批号和贮存时间等实验条件的改变而变动。因此，在测定试样的同时，绘制校准曲线最为理想。否则应在测定试样的同时，平行测定零浓度和中等浓度标准溶液各两份，取均值相减后与原校准曲线上的相应点核对，其相对差值根据方法精密度不得大于 5%～10%，否则应重新绘制校准曲线。

⑥ 校准曲线的使用时间取决于各种因素，如试验条件的改变，试剂重新配制及仪器的稳定性。因此应在每次分析样品的同时绘制标准曲线，或者选择两个适当浓度的标准溶液同时测定，用以校核原有的校准曲线。

2）校准曲线的检验

① 线性检验：即检验校准曲线的精密度。分光光度法一般要求其相关系数 $|r| \geqslant 0.999$，否则应找出原因并加以纠正，重新绘制合格的校准曲线。

② 截距检验：即检验校准曲线的准确度。在线性检验合格的基础上，对其进行线性回归，得出回归方程 $y=a+bx$，然后将所得截距 a 与 0 作 t 检验。当取 95% 置信水平，经检验无显著性差异时，a 可作 0 处理，方程简化为 $y=bx$，移项得 $x=y/b$。在线性范围内，可代替查阅校准曲线，直接将样品测量信号值经空白校正后，计算出试样浓度。

当 a 与 0 有显著性差异时，表示校准曲线的回归方程计算结果准确度不高，应找出原因并予以校正后，重新绘制校准曲线并经线性检验合格，再计算回归方程，经截距检验合格后投入使用。

回归方程如不经上述检验和处理，就直接投入使用，必将给测定结果引入差值，相当于截距 a 的系统误差。

③ 斜率检验：即检验分析方法的灵敏度，方法灵敏度是随实验条件的变化而改变的，在完全相同的分析条件下，仅由于操作中的随机误差所导致的斜率变化不应超出一定的允许范围，此范围因分析方法的精度不同而异。

2. 实验室内部质量控制

实验室内部质量控制是分析人员对测试过程进行自我控制的过程。它主要反映分析质量的稳定性。

（1）质量控制图法

1）测定质量控制水样的要求

① 控制水样中待测组分的浓度应尽量与样品相似。

② 应与样品同时进行测定。

③ 每次至少平行分析两份，分析结果的相对偏差不得大于标准分析方法中所规定的标准偏差（变异系数）的两倍，否则应重做。

④ 绘制质量控制图，至少需要积累质量控制水样重复实验的 20 个数据，该实验应在短期内陆续进行，如每天进行一次测定，不得将 20 个数据一次完成。

2）质量控制图的类型及应用

常用的质量控制图有均值-标准差控制图（$\overline{X}-S$ 图）、均值—减差控制图（$\overline{X}-R$ 图）、加标回收控制图（P—控制图）和空白值控制图（X_b-S_b 图）等。这是记录和控制精密度和回收率数据的最好方法。

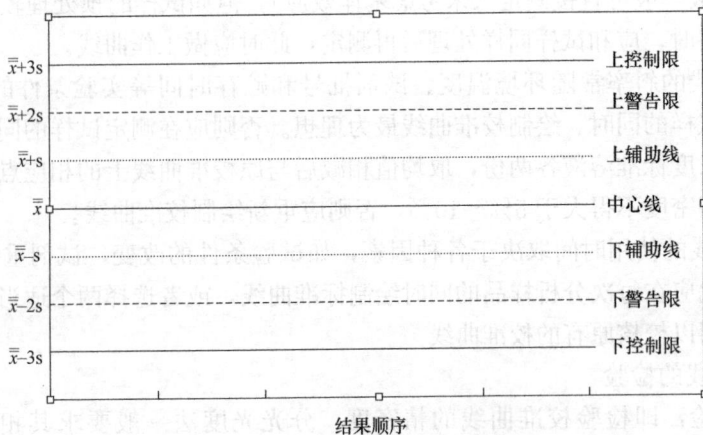

图 2-13　质量控制图的基本组成

预期值：图中的中心线。

目标值：图中的上、下警告限之间的区域。

实测值可接受范围：图中的上、下控制限之间的区域。

辅助线：中心线两侧与上、下警告限之间各一半处。

① 均数控制图

均数控制图为单一浓度 $\bar{x}$（均值）绘制，一般常用于实验室中对标准溶液或标准样品真值 μ 的估计，也常用于空白实验中空白值的控制。

② 均数—减差控制图（精密度控制图）

均数 $\bar{x}$—减差 R 控制图，需要对控制样品做 20 批测定，每批至少 2 个平行样。

计算每批的平均值 $\bar{x}$ 和减差值 R，然后计算总均值 $\bar{\bar{x}}$ 和平均减差值 $\bar{R}$。

$$\bar{\bar{x}} = \frac{\sum \bar{x}_i}{n} \tag{2-21}$$

$$\bar{R} = \frac{\sum R_i}{n} \tag{2-22}$$

计算均数-减差控制图的常数　　　　表 2-13

每批测定的平行样数	A_2	D_3	D_4
2	1.88	0	3.27
3	1.02	0	2.58
4	0.73	0	2.28

表 2-13 所列常数 A_2 计算平均值 $\bar{x}$ 的上、下警告限和控制限：

$$\textbf{上控制限} = \bar{\bar{x}} + A_2 \bar{R} \tag{2-23}$$

$$\textbf{下控制限} = \bar{\bar{x}} - A_2 \bar{R} \tag{2-24}$$

$$\textbf{上警告限} = \bar{\bar{x}} + \frac{2}{3} A_2 \bar{R} \tag{2-25}$$

$$\textbf{下警告限} = \bar{\bar{x}} - \frac{2}{3} A_2 \bar{R} \tag{2-26}$$

表 2-13 所列常数 D_3、D_4 计算减差值 R 的上、下警告限和控制限：

$$\textbf{上控制限} = D_4 \bar{R} \tag{2-27}$$

$$\textbf{下控制限} = D_3 \bar{R} \tag{2-28}$$

$$\textbf{上警告限} = \bar{R} + \frac{2}{3}(D_4 \bar{R} - \bar{R}) \tag{2-29}$$

绘制均数—减差图的数据和计算　　　　表 2-14

编号	测定结果		$\bar{x} = \dfrac{|x_1 + x_2|}{2}$	$R = |x_1 - x_2|$
	x_1	x_2		
1	0.501	0.491	0.496	0.010
2	0.490	0.490	0.490	0.000
3	0.482	0.484	0.483	0.002
4	0.520	0.512	0.516	0.008
5	0.500	0.490	0.495	0.010
6	0.510	0.488	0.499	0.022
7	0.505	0.500	0.502	0.005
8	0.475	0.493	0.484	0.018
9	0.500	0.515	0.508	0.015

编号	测定结果		$\bar{x}=\dfrac{|x_1+x_2|}{2}$	$R=|x_1-x_2|$
	x_1	x_2		
10	0.498	0.501	0.500	0.003
11	0.522	0.515	0.518	0.007
12	0.500	0.512	0.506	0.012
13	0.513	0.503	0.508	0.010
14	0.512	0.497	0.504	0.015
15	0.502	0.500	0.501	0.002
16	0.506	0.510	0.508	0.004
17	0.485	0.503	0.494	0.018
18	0.484	0.487	0.486	0.003
19	0.512	0.495	0.504	0.017
20	0.509	0.500	0.504	0.009
Σ			10.004	0.190

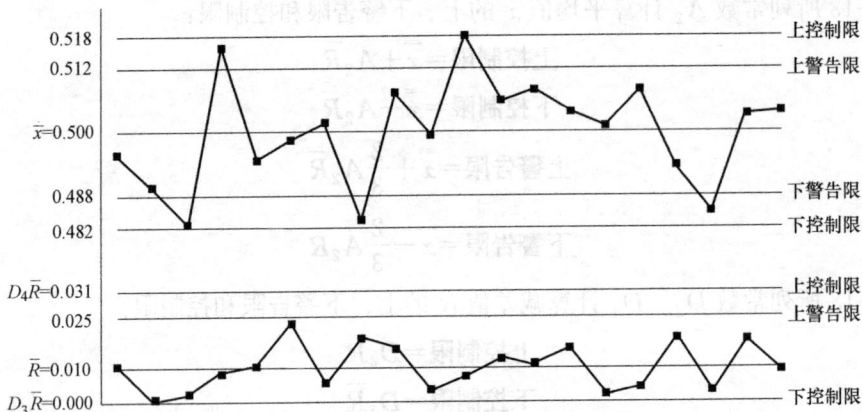

图 2-14　均数-减差控制图

$\overline{X}-R$ 控制图同时控制了分析方法的批间和批内精密度。但是对于平行测定 R 值极小的分析方法将不适用。

③ 用临界限 R_c 值控制精密度

均数—减差控制图是测定同一种浓度溶液绘制的，而实际分析中减差值 R 随被测物的浓度不同而改变。减差值 R 的控制是检查重复分析结果的减差是否超出上控制限 $D_4\overline{R}_4$，实际上可以积累常规工作各种浓度样品的减差值，计算出各种浓度范围的减差值的均值 $\overline{R}$，按浓度范围分组，并求出其加权均值。表 2-15 为两种测定指标的控制限计算实例，x_1、x_2 为平行样的测定结果，相对减差值 R 的计算为：

$$R=\frac{|x_1-x_2|}{(x_1+x_2)/2} \tag{2-30}$$

计算出临界控制限后，应检查并弃去个别超出临界控制限的结果，并重新计算临界控制限值。

两种测定指标不同浓度范围减差值的控制值 R_c　　　　表 2-15

项目	浓度范围 $\mu g/L$	重复样品的组数(n)	浓度的平均值($\overline{x}$)	平均相对减差值($\overline{R}$)	$\overline{R}$ 的加权均值	临界控制限 $R_c(D_4\overline{R})$
铜	5～<15	16	11.1	0.1234	0.0940*	0.307
	15～<25	23	19.1	0.0736		
	25～<50	21	35.4	0.0380		
	50～<100	26	65.9	0.0354	0.0313	0.102
	100～<200	10	134	0.0210		
	200 以上	3	351	0.0130		
铬	5～<10	32	6.15	0.0612	0.0612	0.200
	10～<25	15	16.7	0.0340		
	25～<50	16	36.2	0.0310		
	50～<150	15	85.1	0.0446	0.0334	0.109
	150～<500	8	240	0.0218		
	500 以上	5	3.17	0.0240		

*计算 $\overline{R}$ 的加权平均值：$0.1234 \times \dfrac{16}{16+23} + 0.0736 \times \dfrac{23}{16+23} = 0.0940$

临界控制图的使用，以铬的分析为例。

例题【2-8】： 一对平行样品测定结果为 31.2 和 $33.7\mu g/L$，则

$$减差值(R) = \frac{|31.2 - 33.7|}{(31.2 + 33.7)/2} = \frac{|-2.5|}{32.45} = 0.0770$$

上表中 $25～<50\mu g/L$ 范围的临界控制限 R_c 值为 0.109，可判断该分析的精密度在控制范围之内。

④ 回收率控制图

收集 20 批标准控制样品或加标样品的测定数据，按式 2-30 计算回收率 P：

$$P(\%) = \frac{x - \left(B \times \dfrac{v}{v+u}\right)}{T \times \dfrac{u}{v+u}} \times 100\% \tag{2-31}$$

式中：P——回收率，%；

x——加标样品测定值，mg/L；

B——水样中被测物本底值，mg/L；

T——标准溶液浓度，mg/L；

v——水样体积，mL；

u——标准溶液体积，mL。

以磷酸盐测定为例，说明回收率控制图的绘制，见表 2-16。

磷酸盐测定的回收率   表 2-16

编号	加标量 mg/L	测定值-本底值 mg/L	回收率,% P	P^2
1	0.34	0.33	97	9409
2	0.34	0.34	100	10000
3	0.40	0.40	100	10000
4	0.49	0.49	100	10000
5	0.49	0.49	100	10000
6	0.49	0.63	129	16641
7	0.50	0.47	94	8836
8	0.50	0.53	106	11236
9	0.50	0.56	112	12544
10	0.52	0.65	113	12769
11	0.66	0.70	106	11236
12	0.66	0.60	91	8281
13	0.67	0.65	97	9409
14	0.68	0.65	96	9216
15	0.83	0.80	96	9216
16	0.98	0.75	77	5920
17	1.3	1.2	92	8464
18	1.6	1.7	106	11236
19	2.3	2.4	104	10816
20	4.9	4.6	94	8836
Σ			2010	204065

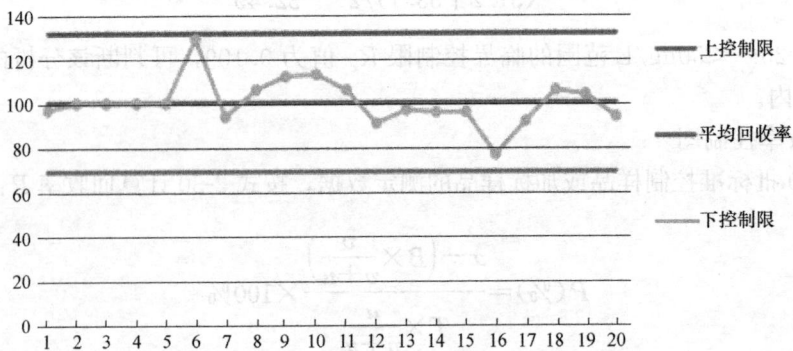

图 2-15 回收率控制图

计算平均回收率和回收率的标准差:

$$\overline{P} = \frac{\sum\limits_{i=1}^{20} P_i}{20} = \frac{2010}{20} = 100.5$$

回收率的标准差:

$$S_P = \sqrt{\frac{\sum\limits_{i=20}^{20} P_i^2 - (\sum\limits_{i=20}^{20} p_i)^2/20}{19}} = \sqrt{\frac{204065 - 2010^2/20}{19}} = 10.4$$

按下式计算上控制限和下控制限：

$$\textbf{上控制限} = \overline{P} + 3S_p = 100.5 + 3 \times 10.4 = 131.7$$

$$\textbf{下控制限} = \overline{P} - 3S_p = 100.5 - 3 \times 10.4 = 69.3$$

3）质量控制图的判断

① 连日分析质量控制样品达 20 次以上后计算统计值。绘制中心线，上、下控制线，上、下警告线和上、下辅助线，按测定次序将相对应的各统计值在图上植点，用直线连接各点即成质量控制图。当积累了新的 20 批数据，应绘制新的质量控制图，作为下一阶段的控制依据。

② 落于上、下辅助线范围内的点数若小于 50%，则表明此图不可靠；连续 7 点落于中心线一侧，则表明存在系统误差；连续 7 点递升或递降，则表明质量异常。凡属上述情况之一者，应立即中止实验，查明原因，重新制作质量控制图。

③ 在日常分析时，质量控制样品与被测样品同时进行分析，然后将质量控制样品测试结果标于图中，判断分析过程是否处于控制状态。

④ 控制限（3S）：如果一个测量值超出控制限，立刻重新分析。如果重新测量的结果在控制限内，则可以继续分析工作。如果重新测量的结果超出控制限，则停止分析工作，并查找问题予以纠正。

⑤ 警告限（2S）：如果 3 个连续点有 2 个超过警告限，分析另一个样品。如果下一个点在警告限内，则可以继续分析工作。如果下一个点超出警告限，则需要评价潜在的偏差，并查找问题予以纠正。

（2）空白试验

空白值是指除用纯水代替样品外，其他所用试剂和操作均与样品测定完全相同所得到的响应值，它的大小和分散程度，影响着方法的检测限和测试结果的精密度。

试剂空白一般每制备批样品或每 20 个样品做一次，样品的检测结果应消除空白造成的影响。高于接受限的试剂空白表示与空白同时分析的这批样品可能受到污染，检测结果不能被接受。当经过实验证明试剂空白处于稳定水平时，可适当减少空白试验的频次。当检测方法对空白有具体规定时，应满足方法要求。

空白值过高应考虑所用纯水质量、试剂纯度、容器清洁程度、仪器性能、使用环境等方面，采取相应措施。

（3）平行样

1）同一样品的两份或多份子样在完全相同的条件下进行同步分析，每批测试样品随机抽取 10%～20% 的样品进行平行双样测定。若样品数量较少时，应增加平行双样测定比例，它反映测试的精密度。

2）允许差：平行双样分析结果的相对偏差计算公式如下：

$$\eta = \frac{|x_1 - x_2|}{(x_1 + x_2)/2} \times 100\% \qquad (2\text{-}32)$$

式中：η——相对偏差；

x_1、x_2——同一水样两次平行测定的结果。

注：平行双样分析包括密码平行双样分析，它反映测试结果的精密度，见表 2-17。

平行双样分析相对偏差允许值 表 2-17

分析结果的质量浓度水平/(mg/L)	100	10	1	0.1	0.01	0.001	0.0001
相对偏差最大允许值/(%)	1	2.5	5	10	20	30	50

（4）加标回收

在测定样品的同时，于同一样品的子样中加入一定量的标准物质进行测定，将其测定结果扣除样品的测定值，以计算回收率。

$$回收率\ P(\%) = \frac{加标试样测定值 - 试样测定值}{加标量} \times 100\% \qquad (2\text{-}33)$$

当按照平行加标进行回收率测定时，所得结果既可以反映测试结果的准确度，也可以判断其精密度。

在实际测定过程中要注意，将标准溶液加入到经过处理后的待测水样是不合理的，不能反映样品前处理过程中的沾污或损失情况，虽然回收率较好，但不能完全说明数据准确。

进行加标回收率测定时，还应注意以下几点：

1）加标物的形态应该与待测物的形态相同。

2）加标量应和样品中所含待测物的测量精密度控制在相同的范围内，一般情况下作如下规定：

① 加标量应尽量与样品中待测物含量相等或相近，并应注意对样品容积的影响。

② 当样品中待测物含量接近方法检出限时，加标量应控制在校准曲线的低浓度范围。

③ 在任何情况下加标量均不得大于待测物含量的 3 倍。

④ 加标后的测定值不应超出方法的测量上限的 90%。

⑤ 当样品中待测物浓度高于校准曲线的中间浓度时，加标量应控制在待测物浓度的半量。

3）由于加标样和样品的分析条件完全相同，其中干扰物质和不正确操作等因素所导致的效果相等。当以其测定结果的减差计算回收率时，常不能确切反映样品测定结果的实际差错。

（5）标准参考物

标准参考物是一种或多种经权威部门确定了稳定的物理化学和计量学特性，有准确测定值的样品，可以检查测量方法和测量结果的准确性。采用标准参考物和样品同步进行测试，将测试结果与标准样品保证值相比较，以评价是否存在系统误差。日常检测工作中常称之为质控样（品）。

（6）方法比对

对同一样品采用具有可比性的不同分析方法进行测定。

（7）人员/设备比对

在同一实验室内不同分析人员用相同的分析方法，使用不同型号的同类设备检测同一个样品。

（8）重复检测

不同于平行样，重复检测一般不是同步进行的。一般至少每制备批样品或每个基体类型或每 20 个样品做一次。如试验表明检测水平处于稳定和可控制状态下，可适当地减少重复检测频率。

（9）留样再检

在一段时间后，取性状稳定的样品，由相同人员在相似环境条件，用相同设备、相同方法重新测试该样品，这是判断和监控实验室能力的有效手段之一。

3. 实验室外部质量控制

实验室外部质量控制指的是外部的第三者对实验室及其人员的分析质量定期或不定期的考查。一般采用密码标准样品来确定实验室可接受的分析结果的能力，并协助判断是否存在系统误差，和检查实验室间数据的可比性。

（1）实验室间比对

按照预先规定的条件，由两个或多个实验室对相同或类似的物品进行测量或检测的组织、实施和评价。

（2）能力验证

能力验证，是指依据预先制定的准则，采用检验检测机构间比对的方式，评价参加者的能力。当量值溯源难以实现或无法实现时，可利用能力验证来表明测量结果的可信性。它不仅是检验检测机构评价和证明其特定检验检测能力、出具可信数据和结果的重要手段，也是检验检测机构有效的外部质量控制方式。

能力验证活动通常由有资质的能力验证提供者组织与实施。

（3）测量审核

测量审核是能力验证计划的一种特殊形式，是实验室向有资质的能力验证提供者提出申请，对被测物品（材料或制品）进行实际测试，将测试结果与参考值进行比较，并按预定准则进行评价的活动，所以也被称为"一对一"的能力验证计划。

第六节 数 据 处 理

1. 有效数字

有效数字用于表示测量数字的有效意义，指实际能够测量到的数字，其倒数第二位以上的数字应是可靠的，只有末位数是可疑的，可疑数字以后是无意义数。对有效数字的位数不能任意增删。例如：检测结果 75.6mg/L，表示检验人员对 75 是肯定的，0.6 是不确定的，可能是 0.5 或 0.7。

（1）一般要求

数字"0"，当它用于指示小数点的位置，而与测量的准确度无关时，不是有效数字；当它用于表示测量准确程度有关的数值大小时，为有效数字。如：

1）第一个非零数字前的"0"不是有效数字。

                0.0498   三位有效数字

2）非零数字中的"0"是有效数字。

                5.0085   五位有效数字

3）小数中最后一个非零数字后的"0"是有效数字。

8.8500　　　　　五位有效数字

4）以"0"结尾的整数，有效数字的位数难以判断，如 58500 可能是三位、四位或五位有效数字，应根据测定值的准确度数字或指数形式确定。

$5.85×10^4$　　　　　三位有效数字

$5.8500×10^4$　　　　　五位有效数字

在记录数据时，要考虑到计量器具的精密度和准确度，以及测量仪器本身的读数误差。对检定合格的计量器具，有效位数可以记录到最小分度值，最多保留一位不确定数字。以实验室常用的计量器具为例：

1）用玻璃量器量取体积的有效数字位数是根据量器的容量允许差和读数误差来确定的。如单标线 A 级 50mL 容量瓶，准确容积为 50.00mL；用分度移液管或滴定管，其读数的有效数字可达到其最小分度后一位，保留一位不确定数字。

2）用天平（最小分度值为 0.1mg）进行称量时，有效数字可以记录到小数点后面第四位，如 1.2235g，有效数字为 5 位。

表示精密度的有效数字，根据分析方法和待测物的浓度不同，一般只取 1～2 位有效数字。

分析结果有效数字所能达到的位数，不能超过方法最低检测质量浓度的有效位数所能达到的位数。如：一个方法的最低检测质量浓度为 0.02mg/L，则分析结果报 0.088mg/L 就不合理，应报 0.09mg/L。

校准曲线相关系数 R 只舍不入，保留到小数点后出现非 9 的一位，如 0.99989→0.9998。如果小数点后都是 9，最多保留小数点后 4 位。校准曲线斜率 b 的有效位数，应与自变量 x 的有效数字位数相等，或最多比 x 多保留一位。截距 a 的最后一位数，则和因变量 y 数值的最后一位取齐，或最多比 y 多保留一位数。

在菌落计数报告中，菌落数在 100 以内时按实有数报告。大于 100 时，采用两位有效数字，在两位有效数字后面的数值，以四舍五入方法计算。为了缩短数字后面的零数也可用 10 的指数来表示。

在数值计算中，某些倍数、分数、不连续物理量的数值，以及不经测量而完全根据理论计算或定义得到的数值，其有效数字的位数可视为无限。这类数值在计算中按需要几位就定几位。

（2）修约规则

数值修约是指通过省略原数值的最后若干位数字，调整所保留的末位数字，使最后所得到的值最接近原数值的过程。

可根据《数值修约规则与极限数值的表示和判定》GB/T 8170—2008 中数值修约规则进行，一般采用"四舍六入五成双"的原则取舍：

1）拟舍弃数字的最左一位数字小于 5 时，则舍去，保留其余各位数字不变。

例：将 12.1498 修约到一位小数，得 12.1。

2）拟舍弃数字的最左一位数字大于 5 时，则进一，即保留数字的末位数字加 1。

例：将 1268 修约到"百"数位，得 $13×10^2$。

3）拟舍弃数字的最左一位数字为 5 时，且其后有非 0 数字时进一，即保留数字的末位数字加 1。

例：将 10.5002 修约到个位数，得 11。

4）拟舍弃数字的最左一位数字为 5，且其后无数字或皆为 0 时，若所保留的末位数为奇数则进一，即保留数字的末位数字加 1；若所保留的末位数字为偶数，则舍去。

例：将 1.050、0.35 均修约到一位小数，分别得 1.0、0.4。

5）负数修约时，先将其绝对值按 1）～4）的规定进行修约，然后在所得值前面加上负号。

例：将 −0.0365 修约到三位小数，得 −0.036。

拟修约数字应在确定修约间隔或指定修约数位后一次修约获得结果，不得多次按上述规则连续修约。

例：将 15.4546 修约到个位数

正确：15.4546→15

不正确：15.4546→15.455→15.46→15.5→16

实际工作中，有时测试与最终报告结果非同一部门（或人员）进行。为避免产生连续修约的错误，应按下述步骤进行。

报出数值最右的非零数字为 5 时，应在数值后面加"＋"或"－"或不加符号，以分别表明已进行过舍、进或未舍未进。

如 16.50（＋）表示实际值大于 16.5，经修约舍弃为 16.50；16.50（－）表示实际值小于 16.5，经修约进 1 为 16.50。

如需对报出值进行修约，当拟舍弃数字的最左一位数字为 5，且其后面无数字或皆为零时，数值后面有（＋）号者进 1，数值后面（－）号者舍去，其他仍按 1）～5）进行。如：

报出值的修约　　　　　表 2-18

实测值	报出值	修约值
15.4546	15.5（－）	15
16.5203	16.5（＋）	17
17.5000	17.5	18
−15.4546	−15.5（－）	−15

（3）运算规则

1）加减法：几个数值相加减时，其和或差的有效数字位数，与小数点后位数最少者相同。在运算过程中，可以多保留一位小数，计算结果则按数值修约规则处理。

例：$2.03+1.1+1.034 \approx 2.03+1.1+1.03=4.16 \approx 4.2$

2）乘除法：几个数值相乘除时，所得积或商的有效数字位数决定于各种值中有效数字位数最少者。在实际运算时，先将各近似值修约至比有效数字位数最少者多保留一位有效数字，再将计算结果按上述规则处理。

例：$0.0676 \times 70.19 \times 6.5023 \approx 0.0676 \times 70.19 \times 6.502=30.850975688 \approx 30.9$

3）乘方和开方：数值乘方或开方，原近似值有几位有效数字，计算结果就可以保留几位有效数字。

例：$6.54^2=42.7716$，保留三位有效数字为：42.8

4）对数和反对数：在计算中，所取对数的小数点后的位数（不包括首数）应与真数的有效数字位数相同。

例：[H^+] 为 $7.98 \times 10^{-2} mol/L$ 的溶液，pH $= -lg[H^+] = -lg[7.98 \times 10^{-2}] = 1.098$；pH 为 3.20 的溶液，pH $= -lg[H^+] = 3.20$，则 [H^+] $= 6.3 \times 10^{-4} mol/L$。

5）平均值：求四个或四个以上准确度接近的近似值的平均值时，其有效数字可增加一位。

例：3.77、3.70、3.79、3.80、3.72，其 $\overline{X} = 3.756$。

2. 异常值的判断和处理

在试验中，得到一组数据，往往个别数据离群较远，这一数据称为异常值，又称可疑值或极端值。按产生原因可分为两类：①总体固有变异性的极端表现，与其他观测值属于同一总体；②由于试验条件、试验方法的偶然偏离所产生，或产生于观测、记录、计算中的失误，与其他观测值不属于同一总体。

对异常值的判定通常可根据技术上或物理上的理由直接进行，如试验偏离了标准方法或测试仪器发生故障。否则，应按一定的统计学方法进行判断和处理。

常用的判断规则有 Grubbs 法、Dixon 法等，一般过程为：①依实际情况或以往经验，选择适宜的判断规则；②计算统计量；③确定检出水平 α；④根据 α、样品量 n，查统计量临界值；⑤统计量的计算值与临界值比较。

（1）常用术语和定义

离群值：样本中的一个或几个观测值，离其他观测值较远，可能来自不同的总体。按显著性程度分为统计离群值和歧离值。

统计离群值：在剔除水平下，统计检验为显著的离群值。

歧离值：在检出水平下显著，但在剔除水平下不显著的离群值。

检出水平：为检出离群值而指定的统计检验的显著性水平 α，一般取值 0.05。

剔除水平：为检出离群值是否高度离群而指定的统计检验的显著性水平 α^*，一般取值 0.01。

上侧情形：根据实际情况或以往经验，离群值均为高端值。

下侧情形：根据实际情况或以往经验，离群值均为低端值；上侧情形、下侧情形统称单侧情形。

双侧情形：根据实际情况或以往经验，离群值可为高端值，也可为低端值。无法认定单侧情形时，按双侧情形处理。

样品均值：$\overline{x} = \dfrac{1}{n} \sum\limits_{i=1}^{n} x_i$

样本标准差：$s = \sqrt{\dfrac{\sum\limits_{i=1}^{n}(x_i - \overline{x})^2}{n-1}}$

（2）格拉布斯（Grubbs）检验法

该方法适用于一组测量值或多组测量值均值的一致性检验和剔除离群值，检出的异常值个数不超过1。

将一组数据，从小到大排列为 x_1，x_2，x_i，x_{n-1}，x_n。其中 x_1 或 x_n 可能是异

常值。

1）上侧情形

① 计算统计量 $G_n = \dfrac{x_n - \bar{x}}{s}$。

② 确定检出水平 α，在表2-18中查临界值 $G_{1-a}(n)$。

③ 当 $G_n > G_{1-a}(n)$ 时，判定 x_n 为离群值，否则判未发现 x_n 是离群值。

④ 对于检出的离群值 x_n，确定剔除水平 a^*，在表2-19中查临界值 $G_{1-a^*}(n)$。当 $G_n > G_{1-a^*}(n)$ 时，判定 x_n 为统计离群值，否则判未发现 x_n 是统计离群值（即 x_n 为歧离值）。

2）下侧情形

统计量 $G'_n = \dfrac{\bar{x} - x_1}{s}$，其余规则同上侧情形。

3）双侧情形

① 计算出统计量 G_n 的 G'_n 值。

② 确定检出水平 α，在表2-18中查临界值 $G_{1-a/2}(n)$。

③ 当 $G_n > G'_n$ 且 $G_n > G_{1-a/2}(n)$，判定 x_n 为离群值；当 $G'_n > G_n$ 且 $G'_n > G_{1-a/2}(n)$，判定 x_1 为离群值；否则判未发现离群值。当 $G'_n = G_n$ 时，应重新考虑限定检出离群值的个数。

④ 对于检出的离群值 x_1 或 x_n，确定剔除水平 a^*，在表2-19中查临界值 $G_{1-a^*/2}(n)$。当 $G_n > G_{1-a^*/2}(n)$ 时，判定 x_n 为统计离群值；当 $G'_n > G_{1-a^*/2}(n)$，判定 x_1 为统计离群值；否则判未发现统计离群值（即为歧离值）。

Grubbs 检验临界值　　　　　　　　　　　　　　　　表 2-19

n	显著性水平(α)				n	显著性水平(α)			
	0.05	0.025	0.01	0.005		0.05	0.025	0.01	0.005
3	1.153	1.155	1.155	1.155	15	2.409	2.549	2.705	2.806
4	1.463	1.481	1.492	1.496	16	2.443	2.585	2.747	2.852
5	1.672	1.715	1.749	1.764	17	2.475	2.620	2.785	2.894
6	1.822	1.887	1.944	1.973	18	2.504	2.651	2.821	2.932
7	1.938	2.020	2.097	2.139	19	2.532	2.681	2.854	2.968
8	2.032	2.216	2.221	2.274	20	2.557	2.709	2.884	3.001
9	2.110	2.215	2.323	2.387	21	2.580	2.733	2.912	3.031
10	2.176	2.290	2.410	2.482	22	2.603	2.758	2.939	3.060
11	2.234	2.355	2.485	2.564	23	2.624	2.781	2.963	3.087
12	2.285	2.412	2.550	2.636	24	2.644	2.802	2.987	3.112
13	2.331	2.462	2.607	2.699	25	2.663	2.822	3.009	3.135
14	2.371	2.507	2.659	2.755					

例题【2-9】：对某样品进行10次平行测定，测定结果分别为4.7、5.4、6.0、6.5、7.3、7.7、8.2、9.0、10.1、14.0，经验表明该样品测定结果服从正态分布，检验这些数据是否存在上侧离群值。

解：样本量 $n=10$，$\bar{x}=7.89$，$s=2.704$

则 $G_{10}=\dfrac{x_{10}-\bar{x}}{s}=\dfrac{14.0-7.89}{2.704}=2.260$

检出水平 $a=0.05$，查表 2-19，临界值 $G_{0.95}(10)=2.176$，$G_{10}>G_{0.95}(10)$，判定 14.0 为离群值。

剔除水平 $a^*=0.01$，查表 2-19，临界值 $G_{0.99}(10)=2.410$，因 $G_{10}<G_{0.99}(10)$，故判为未发现 14.0 是统计离群值（即 14.0 为歧离值）。

(3) 狄克逊（Dixon）检验法

用于一组测量值的一致性检验和剔除一组测量值中的异常值，适用于检出一个或多个异常值，可重复使用该方法对测量值进行检验。

将一组数据，从小到大排列为 x_1，x_2，x_i，x_{n-1}，x_n。其中 x_1 或 x_n 可能是异常值。

1) 单侧情形

① 计算统计量

计算统计量表　　　　　　　　　　　　　　　表 2-20

样本量 n	检验高端离群值	检验低端离群值
3～7	$D_n=\dfrac{x_n-x_{n-1}}{x_n-x_1}$	$D'_n=\dfrac{x_2-x_1}{x_n-x_1}$
8～10	$D_n=\dfrac{x_n-x_{n-1}}{x_n-x_1}$	$D'_n=\dfrac{x_2-x_1}{x_{n-1}-x_1}$
11～13	$D_n=\dfrac{x_n-x_{n-2}}{x_n-x_2}$	$D'_n=\dfrac{x_3-x_1}{x_{n-1}-x_1}$
14～30	$D_n=\dfrac{x_n-x_{n-2}}{x_n-x_3}$	$D'_n=\dfrac{x_3-x_1}{x_{n-2}-x_1}$

② 确定检出水平 α，在表 2-21 中查临界值 $D_{1-a}(n)$。

③ 检验高端值，当 $D_n>D_{1-a}(n)$ 时，判定 x_n 为离群值；检验低端值，当 $D'_n>D_{1-a}(n)$ 时，判定 x_1 为离群值；否则判未发现离群值。

④ 对于检出的离群值 x_n 或 x_1，确定剔除水平 a^*，在表 2-21 中查临界值 $D_{1-a^*}(n)$。检验高端值，当 $D_n>D_{1-a^*}(n)$ 时，判定 x_n 为统计离群值；检验低端值，当 $D'_n>D_{1-a^*}(n)$ 时，判定 x_1 为统计离群值；否则，判未发现统计离群值。

Dixon 检验单侧临界值　　　　　　　　　　　　表 2-21

n	显著性水平(α)		n	显著性水平(α)	
	0.05	0.01		0.05	0.01
3	0.941	0.988	15	0.524	0.618
4	0.765	0.889	16	0.505	0.597
5	0.642	0.782	17	0.489	0.580
6	0.562	0.698	18	0.475	0.564
7	0.507	0.637	19	0.462	0.550
8	0.554	0.681	20	0.450	0.538
9	0.512	0.635	21	0.440	0.526

n	显著性水平(α)		n	显著性水平(α)	
	0.05	0.01		0.05	0.01
10	0.477	0.597	22	0.431	0.516
11	0.575	0.674	23	0.422	0.507
12	0.546	0.642	24	0.413	0.497
13	0.521	0.617	25	0.406	0.489
14	0.546	0.640			

2）双侧情形

① 计算统计量 D_n 与 D'_n；

② 确定检出水平 α，在表 2-22 中查临界值 $\tilde{D}_{1-a}(n)$；

③ 当 $D_n > D'_n$ 且 $D_n > \tilde{D}_{1-a}(n)$ 时，判定 x_n 为离群值；当 $D'_n > D_n$ 且 $D'_n > \tilde{D}_{1-a}$ (n) 时，判定 x_1 为离群值；否则判未发现离群值；

④ 对于检出的离群值 x_1 或 x_n，确定剔除水平 a^*，在表 2-22 中查临界值 $\tilde{D}_{1-a^*}$ (n)。当 $D_n > \tilde{D}_{1-a^*}(n)$ 时，判定 x_n 为统计离群值；当 $D'_n > \tilde{D}_{1-a^*}(n)$ 时，判定 x_1 为统计离群值；否则判未发现统计离群值（即为歧离值）。

Dixon 检验双侧临界值 表 2-22

n	显著性水平(α)		n	显著性水平(α)	
	0.05	0.01		0.05	0.01
3	0.970	0.994	15	0.565	0.646
4	0.829	0.926	16	0.547	0.629
5	0.710	0.821	17	0.527	0.614
6	0.628	0.740	18	0.513	0.602
7	0.569	0.680	19	0.500	0.582
8	0.608	0.717	20	0.488	0.570
9	0.564	0.672	21	0.479	0.560
10	0.530	0.635	22	0.469	0.548
11	0.619	0.709	23	0.460	0.537
12	0.583	0.660	24	0.449	0.522
13	0.557	0.638	25	0.441	0.518
14	0.587	0.669			

例题【2-10】：将例题【2-9】改为 Dixon 法，对高端值进行检验。

解：统计量 $D_{10} = \dfrac{x_{10} - x_9}{x_{10} - x_2} = \dfrac{14.0 - 10.1}{14.0 - 5.4} = 0.453$

确定检出水平 $\alpha = 0.05$，查表 2-21，临界值 $D_{0.95}(10) = 0.477$。因 $D_{10} < D_{0.95}(10)$，故判定 14.0 应保留。

双侧情形：
$$D'_{10} = \frac{x_2 - x_1}{x_9 - x_1} = \frac{5.4 - 4.7}{10.1 - 4.7} = 0.130$$

确定检出水平 $\alpha=0.05$，查表 2-20，临界值 $\widetilde{D}_{0.95}(10)=0.530$。因 $D_{10}>D'_{10}$，但 $D_{10}<\widetilde{D}_{0.95}(10)$，故判定 14.0 应保留。

有时也可以不经过判定异常值的步骤，而采用稳健估计和稳健检验的方法（如舍去最大值和最小值，将余下的观测值作算术平均值），并不需要追查舍去的是否为异常值，而这种估计也很好地预防了异常值的影响。

第三章

常规分析

第一节　滴定分析

1. 概述

滴定分析法是化学分析中重要的分析方法之一。它是将一种已知准确浓度的试剂溶液滴加到被测物质的溶液中，直到物质间的反应达到化学计量点时，根据所用试剂溶液的浓度和消耗的体积，计算被测组分含量的方法。

滴定分析法是一种常量分析方法，被测组分的含量一般在 1% 以上。这种分析方法的特点是仪器设备简单，操作简便、快速，准确度高，能保证分析结果的准确度和可靠性，相对误差一般在 0.1%~0.2% 之间，因此，在生产实际和科学研究中被广泛应用。

（1）基本概念

1）标准滴定溶液：又称滴定剂，用于滴定而配制的且具有已知准确浓度的溶液。

2）滴定：将滴定剂通过滴定管滴加到试样溶液中，与待测组分进行化学反应，达到化学计量点时，根据所消耗滴定剂的体积和浓度计算待测组分含量的操作。

3）化学计量点：在滴定过程中，滴定剂与被测组分按照滴定反应方程式所示计量关系定量、完全反应时的点。

4）指示剂：在滴定分析中，为判断试样的化学反应程度指示化学计量点的达到而本身能改变颜色或其他性质的试剂。

5）滴定终点：用来确定反应达到化学计量点时的滴定终止点；选择指示剂确定终止点时一般是指示剂的变色点。

6）终点误差：滴定终点与化学计量点不完全吻合而引起的误差，也被称为滴定误差。

（2）滴定分析法对滴定反应的要求

滴定分析法是以化学反应为基础的分析方法。化学反应很多，但是适用于滴定分析的化学反应必须具备下列条件：

1）反应定量完成。反应按一定的反应方程式进行，即反应具有确定的化学计量关系，并且进行得相当完全（通常要求达到 99.9% 左右），无副反应发生。这是定量计算的基础。

2）反应速度快。整个滴定过程要在短时间内完成，对于速度慢的反应，应采取适当的措施（如加热或者加入催化剂）提高其反应速度。

3）有适当的方法确定滴定终点。能用指示剂、电化学方法或其他方法确定终点。

（3）滴定分析法的分类

1）滴定分析法按照化学反应类型，可以分为酸碱滴定法、沉淀滴定法、配位滴定法（络合滴定法）、氧化还原滴定法。

① 酸碱滴定法是以酸碱反应为基础的滴定分析法，其基本反应为：$H^+ + OH^- \rightleftharpoons H_2O$，可以测定酸、碱以及酸性或者碱性物质。

② 配位滴定法是以配位反应为基础的滴定分析法。一般用乙二胺四乙酸二钠（简称 EDTA-2Na）作为配合剂配制成标准滴定溶液，测定各种金属离子。

③ 氧化还原滴定法是以氧化还原反应为基础的滴定分析法。

④ 沉淀滴定法是以沉淀反应为基础的滴定分析法。

2）滴定分析法按照滴定方式的不同，可以分为直接滴定法、返滴定法、置换滴定法和间接滴定法等。

① 直接滴定法

直接滴定法是用标准滴定溶液直接滴定被测物质的一种方法。凡是能满足滴定分析法对滴定反应的 3 个条件的化学反应，都可以采用直接滴定法。直接滴定法是滴定分析中最常用、最基本的滴定方法。例如 NaOH、Na_2CO_3 等含量的测定，可以用 HCl 进行直接滴定。

② 返滴定法

返滴定法又称剩余量滴定法，是先准确加入一定量过量的滴定剂，使其与试液或固体试样中的被测物质进行反应，待反应完成后，再用另一种标准滴定溶液滴定剩余的滴定剂。由加入滴定剂的总量及另一种标准滴定溶液的用量，求得待测组分的含量。如酸性高锰酸钾法测定耗氧量，固体 $CaCO_3$ 的滴定，Al^{3+} 的测定等。

一般在以下情况时，选用返滴定法：

a. 当被测物质与滴定剂反应较慢（如 Al^{3+} 与 EDTA 的反应，$KMnO_4$ 与水体中部分可还原物质的反应）或被滴定物为固体试样，反应不能立刻完成（如 HCl 滴定固体 $CaCO_3$）。

b. 采用直接滴定法时反应没有合适的指示剂或被测物质对指示剂有封闭作用（如 Al^{3+} 对指示剂二甲酚橙有封闭作用）。

c. 待测离子发生副反应，影响测定。

③ 置换滴定法

置换滴定法应用于滴定不按一定反应式进行或伴随有副反应的物质。在试样溶液中加入适当试剂与待测组分反应，生成一种能直接被滴定的物质，然后用标准滴定溶液来滴定此反应产物，根据标准滴定溶液的消耗量和产物与待测组分之间量的关系，求出待测组分的含量。例如硫代硫酸钠的标定，不能用硫代硫酸钠直接滴定重铬酸钾，因为在酸性溶液中重铬酸钾会将 $S_2O_3^{2-}$ 氧化为 $S_4O_6^{2-}$ 及 SO_4^{2-} 等混合物，没有一定的计量关系。但 $Na_2S_2O_3$ 与 I_2 的反应有确切的定量关系，因此实际实验中，$Na_2S_2O_3$ 的标定是在酸性条件下，在已知量的 $K_2Cr_2O_7$ 基准溶液中加入过量 KI，用 $K_2Cr_2O_7$ 置换出定量的 I_2，然后用 $Na_2S_2O_3$ 溶液直接滴定置换出来的 I_2。根据消耗 $Na_2S_2O_3$ 溶液的量、$Na_2S_2O_3$ 与 I_2 以及 I_2 与 $K_2Cr_2O_7$ 之间的定量关系，确定 $Na_2S_2O_3$ 溶液的浓度。

④ 间接滴定法

对于不能与滴定剂直接反应的物质，可通过别的化学反应找出滴定剂与被测物质之间的定量关系进行间接滴定。如用酸碱滴定法测乙醛含量，乙醛本身不与酸或碱发生反应，但在乙醛溶液中加入过量 $NaHSO_3$，$NaHSO_3$ 与乙醛发生加成反应生成 NaOH，然后用盐酸标准滴定溶液来滴定生成的 NaOH，根据消耗盐酸的量及甲醛与 NaOH 之间的定量关系可求出乙醛的含量。

2. 酸碱滴定法

（1）原理

酸碱滴定法是利用酸和碱的中和反应，其实质是 H^+ 和 OH^- 结合生成 H_2O 的反应，即：

$$H^+ + OH^- \rightleftharpoons H_2O \tag{3-1}$$

酸碱滴定法测定的不仅是强酸和强碱，实际中，经常测定的是弱酸、弱碱，如醋酸（HAc）、草酸（$H_2C_2O_4$）、碳酸（H_2CO_3）、磷酸（H_3PO_4）、氢氧化铵（NH_4OH）等，除此之外，凡能与酸或碱起反应的物质如碳酸钠（Na_2CO_3）、碳酸氢钠（$NaHCO_3$）、硫酸铵〔$(NH_4)_2SO_4$〕等，或通过间接方法能与酸或碱起反应的物质也都以可用酸碱滴定法来测定。

在强碱滴定弱酸中，例如 NaOH 滴定 HAc，反应生成强碱弱酸盐醋酸钠（NaAc）。在化学计量点时，因为溶液中弱酸盐的水解，产生 OH^- 离子，使溶液呈弱碱性。同样在强酸滴定弱碱中，则因为生成的强酸弱碱盐的水解作用而使化学计量点时的溶液呈酸性。所以酸碱滴定的化学计量点，不一定就是中性点，不同的滴定反应，在化学计量点时的 pH 值不同。

由于酸碱滴定时一般是利用酸碱指示剂颜色的突变来指示滴定的终点，而不同的指示剂在不同的 pH 值范围内变色，因此必须根据化学计量点时溶液的 pH 值来选择指示剂，所以选择适当的指示剂是酸碱滴定中的一个关键问题。

（2）酸碱指示剂

1）酸碱指示剂的变色原理

酸碱指示剂一般是有机弱酸或有机弱碱，它们的酸式结构和共轭的碱式结构具有明显不同的颜色。当溶液 pH 值发生变化时，指示剂失去质子由酸式转变为碱式，或得到质子由碱式转化为酸式。由于其酸碱式结构不同，因而颜色发生变化。例如甲基橙，在溶液中存在下述平衡：

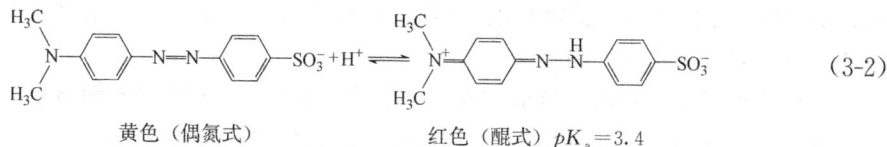

$$\tag{3-2}$$

黄色（偶氮式）　　　　　　　红色（醌式）$pK_a = 3.4$

由平衡关系可以看出，当溶液酸度变大时，甲基橙主要以红色双极离子形式存在，所以溶液呈红色；降低酸度，它则变为黄色离子形式，使溶液显黄色。

可见，指示剂的酸式结构和碱式结构具有不同颜色是指示剂变色的内因，而溶液 pH 值的变化是指示剂变色的外因。溶液颜色变化是由于溶液 pH 值变化引起指示剂结构的变化而产生的。

2）指示剂的变色范围

每种酸碱指示剂都有其变色范围，如表 3-1 所示。

几种常用酸碱指示剂 表 3-1

指示剂	变色范围 pH 值	颜色		浓度	用量/滴 /10mL 试液
		酸色	碱色		
百里酚蓝（麝香草酚蓝）	1.2～2.8	红	黄	0.1%的 20%乙醇溶液	1～2
甲基黄	2.9～4.0	红	黄	0.1%的 90%的乙醇溶液	1
甲基橙	3.1～4.4	红	黄	0.05%的水溶液	1
溴酚蓝	3.0～4.6	黄	蓝紫	0.1%的 20%乙醇溶液或其钠盐水溶液	1
溴甲酚绿	3.8～5.4	黄	蓝	0.1%的 20%乙醇溶液或其钠盐水溶液	1～3
甲基红	4.4～6.2	红	黄	0.1%的 60%乙醇溶液或其钠盐水溶液	1
溴百里酚蓝 （溴麝香草酚蓝）	6.2～7.6	黄	蓝	0.1%的 20%的乙醇溶液或其钠盐水溶液	1
中性红	6.8～8.0	红	黄橙	0.1%的 60%的乙醇溶液	1
苯酚红	6.7～8.4	黄	红	0.1%的 60%乙醇溶液或其钠盐水溶液	1
酚酞	8.0～10.0	无	红	0.5%的 90%的乙醇溶液	1～3
百里酚酞（麝香草酚酞）	9.4～10.6	无	蓝	0.1%的 90%的乙醇溶液	1～2

3）指示剂的选择

不同指示剂有不同的变色范围，所以必须根据滴定化学计量点的 pH 值来选择指示剂。在各种酸碱滴定情况下，选择指示剂应以使滴定误差最小为原则，一般要求滴定误差在±0.1%以内。

为选择合适的指示剂，首先必须了解滴定过程中溶液 pH 值的变化情况，尤其是化学计量点附近 pH 值的变化。只有在这个范围内变色的指示剂才能适用于指示滴定终点，所得结果才符合准确度 0.1%的要求。

不同类型的酸碱滴定其溶液 pH 值的变化情况各不相同。以强碱滴定强酸为例，例如用 $c(NaOH)＝0.1000mol/L$ 的氢氧化钠滴定 $c(HCl)＝0.1000mol/L$ 的盐酸。由图 3-1（a）可以看出，滴定开始时，因为溶液中存在大量过量的酸，所以在中和 99%的酸以前，溶液的 pH 值变化不大。过了化学计量点以后，因溶液中有大量的氢氧化钠存在，所以 pH 值变化不大，曲线逐渐平直。只有在化学计量点前后和百分比在 99.9%～100.1%之间，溶液的 pH 值有一个最明显的改变，pH 值由 4.3 变到 9.7，在曲线上可以看出有一段较垂直的部分，称为"滴定突跃"。

这样就很明显，一切变色范围在 pH 值为 4.3～9.7 之间的各种指示剂，都可以用来指示这类滴定的终点。如甲基橙、甲基红、酚酞都是适用的指示剂。

滴定突跃的大小与溶液的浓度有关。如图 3-1（b）所示，当酸碱浓度均增大 10 倍时，滴定突跃部分 pH 变化范围增加约两个单位。假设用 1mol/L NaOH 滴定 1mol/L HCl，其突

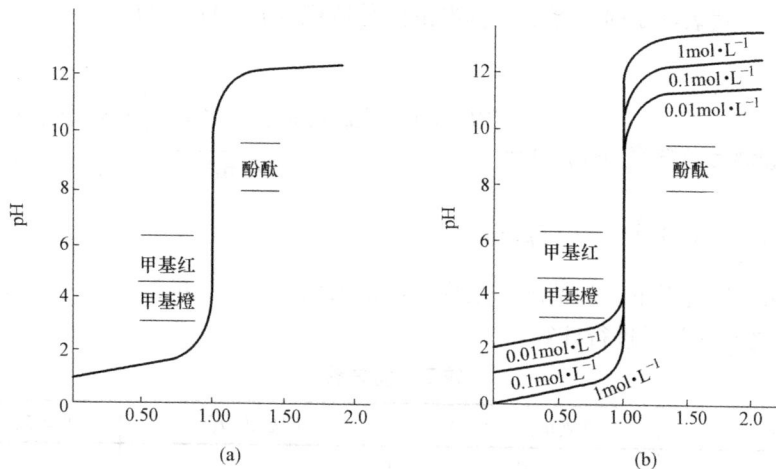

图 3-1 滴定曲线

（a）0.1000mol/L NaOH 滴定 0.1000mol/L HCl 的滴定曲线；

（b）不同浓度 NaOH 溶液滴定不同浓度 HCl 溶液时的滴定曲线

跃范围是 pH 3.3～10.7，此时若以甲基橙为指示剂，滴定至黄色为终点，滴定误差将小于 ±0.1%。假如用 0.01mol/L NaOH 滴定 0.01mol/L HCl，则突跃范围减小为 pH 5.3～8.7。由于滴定突跃小了，指示剂的选择就受到限制。要使终点误差小于 ±0.1%，最好用甲基红作指示剂，也可用酚酞。若用甲基橙作指示剂，误差则达 ±1% 以上。

4）指示剂的用量

指示剂用量愈少，终点愈明显，测定结果也较准确。通常是每 50mL 被滴定的溶液，指示剂（0.1%）用量不超过两滴。指示剂用量过多会使终点变色不明显，滴定准确度反而变差。

（3）酸碱滴定法应用实例

水中碱度的测定。水的碱度是指水中所含的能与强酸定量作用的物质总量。这类物质包括强碱、弱碱、强碱弱酸盐等。天然水中的碱度主要由重碳酸盐、碳酸盐和氢氧化物引起的，其中重碳酸盐是水中碱度的主要形式。引起碱度的污染源主要是造纸、印染、化工、电镀等行业排放的废水及洗涤剂、化肥和农药在使用过程中的流失。总碱度一般表征为相当于碳酸钙的浓度值。水中碱度的测定是利用双指示剂酸碱滴定法。

1）原理

在水样中加入酚酞指示剂，用酸标准溶液进行滴定至指示剂由红色变为无色，此时溶液 pH 值为 8.3～8.4，水中的氢氧化物被中和，碳酸盐转变为重碳酸盐。反应如下：

$$OH^- + H^+ \Longrightarrow H_2O \tag{3-3}$$

$$CO_3^{2-} + H^+ \Longrightarrow HCO_3^- \tag{3-4}$$

再在水样中加入甲基橙指示剂，继续用盐酸标准溶液滴定至指示剂由橘黄色变为橘红色，此时溶液 pH 值为 4.4～4.5，水中的重碳酸盐（包括原有的和第一步由碳酸盐转变形成的）被完全中和，反应如下：

$$HCO_3^- + H^+ \Longrightarrow H_2O + CO_2 \tag{3-5}$$

以 P 代表酚酞变色时消耗的盐酸标准溶液体积，以 M 代表甲基橙变色时消耗盐酸标准溶液体积，T 代表滴定时消耗盐酸标准溶液总体积（$T=M+P$）。

2）计算

$$以碳酸钙计总碱度(mg/L) = \frac{T(mL) \times C_{HCl}(mol/L) \times M(\frac{1}{2}CaCO_3) \times 1000}{V(mL)} \qquad (3-6)$$

式中：$M\left(\frac{1}{2}CaCO_3\right) = 50.05g/mol$

滴定结果会出现以下五种情况，根据两种指示剂对盐酸标准溶液的消耗量，可以按表 3-2 查出它们之间的关系进行计算：

碱度之间关系 表 3-2

滴定结果	氢氧化物（OH^-）	碳酸盐（CO_3^{2-}）	重碳酸盐（HCO_3^-）
$M=0$	P	0	0
$P>M$	$P-M$	$2M$	0
$P=M$	0	$2M$	0
$P<M$	0	$2P$	$M-P$
$P=0$	0	0	M

注：氢氧化物、碳酸盐和重碳酸盐三者不能共存于同一水样中，因为 $OH^- + HCO_3^- = CO_3^{2-} + H_2O$。

① 当 $M=0$ 时，说明水样中只有氢氧化物存在。

$$氢氧化物(OH^-, mg/L) = \frac{P(mL) \times C_{HCl}(mol/L) \times M(OH^-) \times 1000}{V(mL)} \qquad (3-7)$$

式中：$M(OH^-) = 17.008g/mol$

② 当 $P>M$ 时，说明水中除氢氧化物外，还存在碳酸盐。氢氧化物消耗盐酸标准溶液的体积为 $P-M$，碳酸盐为 $2M$。

$$氢氧化物(OH^-, mg/L) = \frac{(P-M)(mL) \times C_{HCl}(mol/L) \times M(OH^-) \times 1000}{V(mL)} \qquad (3-8)$$

$$碳酸盐(CO_3^{2-}, mg/L) = \frac{2M(mL) \times C_{HCl}(mol/L) \times M(\frac{1}{2}CO_3^{2-}) \times 1000}{V(mL)} \qquad (3-9)$$

式中：$M\left(\frac{1}{2}CO_3^{2-}\right) = 30.01g/mol$

③ 当 $P=M$ 时，说明水中只有碳酸盐（P 和 M 各表示碳酸盐的一半），所以碳酸盐所消耗盐酸标准溶液体积为 $2P$ 或 $2M$。

$$碳酸盐(CO_3^{2-}, mg/L) = \frac{2P(mL) \times C_{HCl}(mol/L) \times M(\frac{1}{2}CO_3^{2-}) \times 1000}{V(mL)} \qquad (3-10)$$

④ 当 $P<M$ 时，说明水中除含有碳酸盐外，还有重碳酸盐（P 代表碳酸盐的一半）。所以碳酸盐消耗盐酸标准溶液体积为 $2P$，重碳酸盐为 $M-P$。

$$碳酸盐(CO_3^{2-}, mg/L) = \frac{2P(mL) \times C_{HCl}(mol/L) \times M(\frac{1}{2}CO_3^{2-}) \times 1000}{V(mL)} \qquad (3-11)$$

$$重碳酸盐(HCO_3^-,mg/L)=\frac{(M-P)(mL)\times C_{HCl}(mol/L)\times M(HCO_3^-)\times 1000}{V(mL)}$$

$$(3-12)$$

式中：$M(HCO_3^-)=61.02g/mol$

⑤ 当 $P=0$ 时，说明水样中只有重碳酸盐存在。

$$重碳酸盐(HCO_3^-,mg/L)=\frac{M(mL)\times C_{HCl}(mol/L)\times M(HCO_3^-)\times 1000}{V(mL)}$$ $$(3-13)$$

3. 配位滴定法

配位滴定法是利用配位反应进行的一种滴定方法，也叫络合滴定法。

（1）配位反应

金属离子与配位剂作用生成难电离可溶性配位化合物的反应，称为配位反应（又称络合反应）。如：

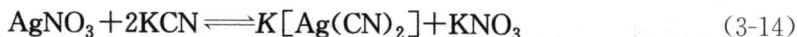

$$AgNO_3+2KCN \Longleftrightarrow K[Ag(CN)_2]+KNO_3 \qquad (3-14)$$

$$Ag^++2CN^- \Longleftrightarrow Ag(CN)_2^- \qquad (3-15)$$

$Ag(CN)_2^-$ 为银氰配位离子，在水溶液中电离度很小。配位反应为可逆反应，达到平衡时，离子浓度的关系服从质量作用定律，以稳定常数或不稳定常数表示。

$$稳定常数:K_稳=\frac{[Ag(CN)_2^-]}{[Ag^+][CN^-]^2} \qquad (3-16)$$

$$不稳定常数:K_{不稳}=\frac{1}{K_稳}=\frac{[Ag^+][CN^-]^2}{[Ag(CN)_2^-]} \qquad (3-17)$$

$K_{不稳}$ 越大，表示配位化合物的电离倾向越大，该配位化合物越不稳定。因此该常数称为不稳定常数，用于衡量配位化合物稳定性的大小。每一种配位化合物的不稳定常数各不相同。

（2）配位滴定

1）配位滴定的条件

作为配位滴定的反应必须满足下列条件：

① 形成的配位化合物必须很稳定。

② 配位反应速度快。

③ 在滴定过程中，如有多种配位化合物产生时，各配位化合物的不稳定常数应有较大的差别。

2）常用配位剂

EDTA（乙二胺四乙酸二钠盐）是目前最常用的氨羧配位剂，它不仅能与碱金属反应，还能与许多不同价的金属离子形成摩尔比为 1:1 的稳定性不同的可溶性配位化合物。反应通常为：

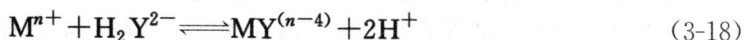

$$M^{n+}+H_2Y^{2-} \Longleftrightarrow MY^{(n-4)}+2H^+ \qquad (3-18)$$

溶液的 pH 值对 EDTA 金属配位化合物的稳定性有很大影响。因此金属离子与ED-TA 配位时必须使溶液保持一定的 pH 值。控制配位反应的 pH 值，不仅使反应定量进行，同时还可以除去干扰。

当几种金属离子生成的配位化合物稳定性接近，又无法通过控制溶液 pH 值消除干扰，这时可以通过选择适当的掩蔽剂使干扰离子形成更稳定的配位化合物以除去干扰。例如，用 EDTA 滴定 Ca^{2+}、Mg^{2+} 离子时，Fe^{3+}、Al^{3+} 离子均有干扰，加入三乙醇胺，使它与 Fe^{3+}、Al^{3+} 形成更稳定的配位离子，但不与 Ca^{2+}、Mg^{2+} 作用，这样就可以消除 Fe^{3+}、Al^{3+} 离子的干扰。

3）配位滴定指示剂

EDTA 配位滴定中常用的指示剂有金属指示剂、酸碱指示剂、氧化还原指示剂等几类。最常用的是金属指示剂。

金属指示剂是一种酸性有机化合物，它自己也是一种配位剂，能与金属离子生成配位化合物，而配位化合物的颜色与指示剂原来的颜色不同，如铬黑 T。

作为金属指示剂，必须具备下列要求：

① 指示剂以及指示剂与金属离子所形成的配位化合物必须具有不同的颜色，且颜色的变化必须明显、灵敏。

② 指示剂与金属离子生成的配位化合物，应该有足够的稳定性，这样在测定低浓度的金属离子时，仍能呈现明显的颜色，否则滴定终点变化不敏锐。

③ 指示剂与金属离子生成的配位化合物的稳定性，应小于 EDTA 金属络合盐的稳定性。两者的不稳定性常数至少应相差 100 倍，才能在化学计量点时使 EDTA 从金属配位化合物中取代指示剂，而显示出指示剂的颜色。

④ 金属指示剂也常常是酸碱指示剂，能在不同的 pH 值时显示不同的颜色，因此要求指示剂的变色范围应在 EDTA 和金属离子形成配位化合物所选择的 pH 值范围内。

4）配位滴定的方法

配位滴定应用上可以分为两种方法：直接滴定法和间接滴定法。

① 直接滴定法

被测物质的离子能生成稳定的配位化合物，并且能找到合适的指示剂，则可用配位剂的标准溶液直接滴定，然后根据标准溶液的消耗量求得被测物质的含量。例如水中 Ca^{2+}、Mg^{2+} 的测定。

② 间接滴定法

有些离子与 EDTA 不能生成稳定的配位化合物，如 Na^+ 离子，或根本不生成配位化合物，如硫酸根（SO_4^{2-}）、磷酸根（PO_4^{3-}）等离子；有些能生成稳定的配位化合物，但没有适当的指示剂。在以上几种情况下，可用间接滴定法进行测定。

第一种，可将被测元素与另一种能被配位剂直接滴定的金属离子进行沉淀反应，然后测定剩余金属离子的量，或将沉淀分离后再溶解，测定被沉淀下来的金属离子的量，就可间接求得被测元素的量。例如测定 SO_4^{2-} 离子，可加入过量的氯化钡（$BaCl_2$），然后在有 Mg^{2+} 离子存在和 pH=10 的溶液中，以铬黑 T 为指示剂，用 EDTA 滴定多余的 Ba^{2+}。

第二种，用返滴定的方法，即先加入已知量的过量的标准配位剂溶液，过量的配位剂用可以直接滴定的金属离子的标准溶液来滴定。从配位剂消耗的净值求出被测物质的含量。例如测定铝，可先加入过量的 EDTA 标准溶液将铝完全配位，剩余的 EDTA 用标准醋酸锌溶液滴定。

（3）配位滴定法应用实例

水的总硬度就是指水中钙、镁离子的总量。多采用乙二胺四乙酸二钠（EDTA-2Na）

配位滴定法测定水的总硬度。

EDTA-2Na 配位滴定法测定水的总硬度是在 pH＝10 的条件下，以铬黑 T 作为指示剂，它与水样中的钙、镁离子发生反应生成紫红色配位化合物。再用 EDTA-2Na 滴定水样，因为 EDTA-2Na 与钙、镁离子形成的配位化合物的稳定性大于铬黑 T 与钙、镁离子形成的配位化合物的稳定性，所以 EDTA-2Na 会与全部钙、镁离子发生反应生成无色的配位化合物而使铬黑 T 游离，游离铬黑 T 为蓝色。滴定终点即水样颜色由紫红色变为蓝色。

若试样中存在高浓度的金属离子如 Cu^{2+}、Ni^{2+}、Co^{2+}、Al^{3+}、Fe^{3+} 及高价锰等，由于封闭现象会使指示剂褪色或终点延长。加入硫化钠及氯化钾可掩蔽重金属的干扰，盐酸羟胺可使高价铁离子和锰离子还原为低价离子而消除干扰。

4. 沉淀滴定法

沉淀滴定法是基于沉淀反应的容量分析方法。

（1）沉淀反应

沉淀反应是两种物质在溶液中反应生成溶解度很小的难溶电解质，以沉淀的形式析出。例如 $AgNO_3$ 和 NaCl 溶液反应会生成 AgCl 沉淀，反应方程式如下：

$$AgNO_3 + NaCl \rightleftharpoons AgCl\downarrow + NaNO_3 \qquad (3-19)$$

（2）沉淀滴定

1）沉淀滴定法对沉淀反应的要求

利用沉淀滴定法对物质进行分析，其沉淀反应必须满足一定的条件：

① 反应生成的沉淀有一定的组成。

② 沉淀生成的速度较快。

③ 沉淀的溶解度很小。

④ 有确定的化学计量点。

2）沉淀滴定法的类型

沉淀滴定法中确定终点有各种不同的方法。根据确定终点的方法不同，可分为摩尔法、佛尔哈德法和法扬司法，都可用于 Cl^-、Br^-、I^-、CNS^- 等离子和 Ag^+ 的测定。水质分析中最常用的摩尔法。

① 摩尔法是以铬酸钾（K_2CrO_4）为指示剂，用硝酸银作标准溶液测定卤化物（Cl^-、Br^-、I^-）的方法。因为铬酸银（Ag_2CrO_4）的溶解度比卤化银的溶解度大，所以用硝酸银标准溶液滴定时，卤化银先沉淀出来，滴定到达化学计量点时，由于 Ag^+ 离子浓度迅速增加，达到了铬酸银的溶度积，立刻出现砖红色的铬酸银沉淀，指示出滴定终点。

② 佛尔哈德法是在 Fe^{3+} 存在下用 SCN^- 滴定银离子的方法。在强酸条件下，以硫酸亚铁铵 $[NH_4Fe(SO_4)_2]$ 作为指示剂，用 SCN^- 标准溶液滴定试样，AgSCN 首先析出，当 Ag^+ 完全沉淀后，过量的 SCN^- 与 Fe^{3+} 形成 $Fe(SCN)^{2+}$ 红色络合物，指示到达终点。

③ 法扬司法是用吸附指示剂指示滴定终点的银量法。吸附指示剂因吸附到沉淀上的颜色与其在溶液中的颜色不同而指示滴定终点。例如用 Ag^+ 滴定 Cl^-，二氯荧光素阴离子染料作指示剂，滴定终点前，由于 AgCl 沉淀吸附过量 Cl^-，使表面带负电荷，因而排斥阴离子二氯荧光素指示剂，其仍然保持在溶液中的原有黄绿色。滴定终点后，AgCl 沉

淀吸附过量 Ag^+ 表面带正电荷，进而二氯荧光素阴离子染料通过静电引力吸附到沉淀表面呈粉红色，颜色的变化指示滴定终点。如果用 Cl^- 溶液滴定 Ag^+，颜色变化正好相反。

（3）沉淀滴定法应用实例

水中氯化物的测定方法最常用的方法是硝酸银滴定法。硝酸银与氯化物反应生成氯化银沉淀。当多余的硝酸银存在时，则与铬酸钾指示剂作用生成红色铬酸银沉淀指示反应到达终点。

实验中以硝酸银作为标准溶液。硝酸银标准溶液一般由市售分析纯硝酸银用纯水配制到大致需要的浓度，然后再用基准物质氯化钠进行标定。

首先取一定体积的水样置于瓷蒸发皿内，加入酚酞，用硫酸或氢氧化钠溶液调至试样由红色变为无色。再加入少量铬酸钾溶液，用硝酸银标准溶液进行滴定，同时用玻璃棒不断搅拌，直至产生桔黄色为止。

该方法不能在酸性溶液中进行，因为酸性溶液中铬酸银会溶解（$Ag_2CrO_4 + H^+ \rightleftharpoons 2Ag^+ + HCrO_4^-$），在化学计量点时不能形成铬酸银沉淀。也不能在碱性溶液中进行，银离子在碱溶液中会形成氧化银沉淀（$2Ag^+ + 2OH^- \rightleftharpoons 2AgOH \downarrow$，$2AgOH \rightleftharpoons Ag_2O \downarrow + H_2O$）。所以滴定前要用酸或碱预先调节水样至中性或弱碱性。

5. 氧化还原滴定法

（1）氧化还原反应

氧化还原反应是指在反应过程中有元素化合价变化的化学反应，其实质是化学反应过程中电子发生转移或偏离。

在反应过程中得到电子的物质称为氧化剂，它能使其他物质氧化而本身被还原；失去电子的物质称为还原剂，它能使其他物质还原而本身被氧化。例如重铬酸根离子与碘离子的反应，重铬酸根得到电子，它是氧化剂，碘离子失去电子，它是还原剂。

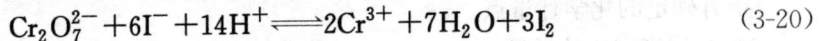

$$Cr_2O_7^{2-} + 6I^- + 14H^+ \rightleftharpoons 2Cr^{3+} + 7H_2O + 3I_2 \qquad (3-20)$$

氧化还原反应过程中会存在一个电势的变化。

（2）氧化还原滴定

氧化还原滴定法是利用氧化还原反应的一种滴定方法。这种方法可用于测定各种变价元素和它们的化合物的含量。几乎所有长周期的过渡元素和大部分非金属元素的化合物都可以直接或间接地用氧化还原法来测定。因此，氧化还原法的应用范围极其广泛。

1）氧化还原滴定法的要求

① 反应必须按照一定的化学反应式定量反应且反应完全，无副反应。

② 反应速度必须足够快。

③ 必须有适当的方法确定化学计量点。

2）指示剂的选择

氧化还原滴定法与酸碱中和法相似，它是根据氧化势的突跃变化来选择指示剂。在氧化还原滴定中，确定化学计量点的指示剂主要有以下几类：

① 自身指示剂

标准溶液本身就是指示剂，常用于高锰酸钾法。因为高锰酸根离子的颜色很深，而还原后的 Mn^{2+} 离子在稀溶液中是无色的，稍许过量的高锰酸钾就能使溶液呈现淡粉色，指示滴定终点。

② 特效指示剂

例如在碘量法中，用淀粉作为指示剂，淀粉遇碘（I_2）呈现蓝色。达到化学计量点时。I_2 被还原成 I^- 或 I^- 被氧化成 I_2，溶液即从蓝色变为无色或从无色变为蓝色。

③ 氧化还原指示剂

氧化还原指示剂，大都是结构复杂的有机化合物，具有氧化还原的性质，它的氧化态和还原态具有不同的颜色。指示剂的氧化-还原是可逆的，也有一定的标准氧化势。随着溶液滴定过程中氧化势的改变，指示剂氧化态与还原态浓度的比例也有所改变，因而产生颜色的变化。与酸碱指示剂的道理相似，只能在一定的氧化势范围内看到颜色的变化。

常用的氧化还原指示剂如二苯胺磺酸钠，是重铬酸钾（$K_2Cr_2O_7$）滴定 Fe^{2+} 离子时常用的指示剂。

3）氧化还原滴定法的类型

氧化还原滴定法根据氧化剂种类的不同，可以分为高锰酸钾法、重铬酸钾法、碘量法等。

① 高锰酸钾法

高锰酸钾是一种很强的氧化剂，在酸性、中性或碱性溶液中都能发生氧化作用。在强酸性溶液中与还原剂作用，MnO_4^- 被还原为 Mn^{2+}；在微酸性、中性或中等强度的碱性溶液中，MnO_4^- 被还原为 MnO_2 沉淀。后者因为反应产物为褐色 MnO_2 沉淀，影响终点的观察，因此很少应用。

高锰酸钾法的优点是 $KMnO_4$ 氧化能力强，本身呈深紫色，用它滴定无色或浅色溶液时，本身就可以作为指示剂，应用广泛；缺点是试剂常含有少量杂质，使溶液不够稳定，可以与很多还原性物质发生反应，干扰比较严重。

在高锰酸钾滴定中，一般使用硫酸，不能使用硝酸或者盐酸，因为硝酸本身是强氧化剂，常含有亚硝酸。浓盐酸具有还原性，能被高锰酸钾氧化。

为了配制较稳定的高锰酸钾标准溶液，常采用下列措施：

a. 称取稍多于理论量的 $KMnO_4$ 固体，溶解在规定体积的蒸馏水中。

b. 将配好的 $KMnO_4$ 溶液加热煮沸，并保持微沸一定的时间，然后暗处放置几天，使溶液中可能存在的还原性物质完全氧化。

c. 用微孔玻璃漏斗过滤，除去析出的沉淀。

d. 将过滤后的 $KMnO_4$ 溶液贮存在棕色试剂瓶中，暗处保存，以待标定。

标定 $KMnO_4$ 的基准很多，如草酸钠（$Na_2C_2O_4$），草酸（$H_2C_2O_4 \cdot 2H_2O$）、草酸铵 $[(NH_4)_2C_2O_4]$、氧化砷（As_2O_3）等。其中以 $Na_2C_2O_4$ 最为常用，它容易提纯，性质稳定，不含结晶水，在 105～110℃下烘约 2h，冷却后使用。在硫酸溶液中，MnO_4^- 与 $C_2O_4^{2-}$ 的反应如下：

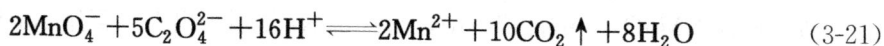

$$2MnO_4^- + 5C_2O_4^{2-} + 16H^+ \rightleftharpoons 2Mn^{2+} + 10CO_2 \uparrow + 8H_2O \qquad (3\text{-}21)$$

为了使该反应定量而较快地进行，应注意下列条件：

温度

在室温下，该反应的速率缓慢，因此需要将溶液加热至 70～85℃时进行滴定。但温度又不宜过高，温度过高草酸分解。

酸度

酸度过低，$KMnO_4$ 分解为 MnO_2；酸度过高，$H_2C_2O_4$ 易分解。

滴定速度

滴定速度遵循慢-快-慢的原则，因为该反应为自催化反应，反应开始生成的 Mn^{2+} 是后面反应的催化剂，所以开始滴定速度要慢，后面速度加快，临近滴定终点时速度减慢。

滴定终点

用 $KMnO_4$ 溶液滴定至终点后，溶液中出现的粉红色不能持久，这是因为空气中的还原性气体和灰尘都能使 MnO_4^- 还原，使溶液粉红色逐渐消失。所以滴定时溶液出现的粉红色如在 $0.5\sim1min$ 内不褪色，则表示已达滴定终点。

② 重铬酸钾法

重铬酸钾（$K_2Cr_2O_7$）的氧化性比高锰酸钾稍弱，在酸性溶液中与还原剂作用 $Cr_2O_7^{2-}$ 被还原为 Cr^{3+}，它能与 Fe^{3+}、I^-、Br^- 等离子定量反应。重铬酸钾法有以下优点：

a. 重铬酸钾容易提纯，可以直接用基准试剂配制标准溶液，而且溶液非常稳定，可以长期保存。

b. 常温下不与 Cl^- 反应，受其他还原性物质的干扰比高锰酸钾法少。

$K_2Cr_2O_7$ 的还原产物 Cr^{3+} 呈绿色，终点时无法辨别过量的 $K_2Cr_2O_7$ 的黄色，因而需加入指示剂，常用二苯胺磺酸钠指示剂。

③ 碘量法

碘量法是利用 I_2 的氧化性和 I^- 的还原性来进行滴定的方法。I_2 是比较弱的氧化剂，能与较强的还原剂作用，而 I^- 是中等强度的还原剂，能与很多氧化剂作用被氧化为 I_2，因此碘量法可用直接的和间接的两种方式进行。

直接碘量法

直接用 I_2 标准溶液进行滴定的方法叫直接碘量法。只适用于亚硫酸盐（SO_3^{2-}）、硫化物（S^{2-}）、硫代硫酸盐（$S_2O_3^{2-}$）、亚砷酸盐（AsO_3^{3-}）等一些较强的还原性物质的测定。例如：

$$SO_3^{2-}+I_2+H_2O \Longrightarrow SO_4^{2-}+2H^++2I^- \tag{3-22}$$

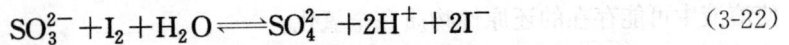

直接碘量法不能在碱性溶液中进行，否则会发生歧化反应。直接法受很多条件的限制，不及间接法应用广泛。

间接碘量法

间接碘量法是利用氧化剂氧化碘化物生成游离碘，然后用硫代硫酸钠标准溶液滴定析出的碘而测出氧化剂的量。这种方法可用于多种氧化剂的测定，如 Br_2、Cl_2、IO_3^-、BrO_3^-、ClO_3^-、ClO^-、H_2O_2、NO_2^-、AsO_4^{3-}、SbO_4^{3-}、$Cr_2O_7^{2-}$、MnO_4^-、Fe^{3+}、Cu^{2+} 等。例如 $KMnO_4$ 在酸性溶液中，与过量 KI 作用析出 I_2，再用 $Na_2S_2O_3$ 标准溶液滴定，反应式如下：

$$2MnO_4^-+10I^-+16H^+ \Longrightarrow 2Mn^{2+}+5I_2+8H_2O \tag{3-23}$$

$$I_2+2S_2O_3^{2-} \Longrightarrow 2I^-+2S_4O_6^{2-} \tag{3-24}$$

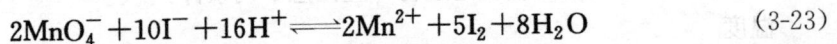

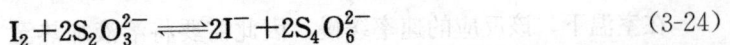

反应以淀粉溶液为指示剂，淀粉与 I_2 会呈显著蓝色，滴定达到终点时，I_2 完全反应，

蓝色消失。

在间接碘量法中必须注意以下几个问题：

a. 控制溶液的酸度。滴定必须在中性或弱酸性溶液中进行。碱性溶液中，I_2 与 $S_2O_3^{2-}$ 将发生下列反应：

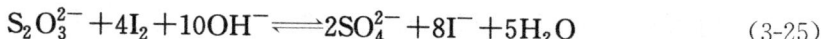

$$S_2O_3^{2-}+4I_2+10OH^-\Longleftrightarrow 2SO_4^{2-}+8I^-+5H_2O \tag{3-25}$$

而且 I_2 在碱性条件下会发生歧化反应生成 HIO 和 IO_3^-，影响分析结果。在强酸条件下硫代硫酸钠不稳定容易发生分解。所以在间接碘量法中，某些氧化性物质（MnO_4^-、$Cr_2O_7^{2-}$ 等）与 KI 反应需要较高的酸度，在用硫代硫酸钠溶液滴定时必须先加水稀释或加入缓冲剂以减低酸度。

b. 注意淀粉指示剂加入时间。淀粉与碘生成的蓝色化合物容易包藏部分碘，这一部分碘不容易与硫代硫酸钠反应，因而产生滴定误差。所以在滴定过程中，淀粉指示剂不应过早加入，一定要用硫代硫酸钠滴定到溶液呈浅黄色时才加入淀粉溶液，继续滴定到蓝色消失。

c. 防止 I_2 的挥发和空气中 O_2 氧化 I^-。I_2 容易挥发，加入过量的 KI 可使 I_2 形成 I_3^- 络离子，滴定时用碘量瓶，不要剧烈摇动，以减少 I_2 的挥发。I^- 在酸性溶液中易被空气中的氧氧化析出碘。因此滴定结束后半分钟内淀粉不再变蓝，可认为到达终点。如果滴定结束后 $5\sim10min$，溶液又出现蓝色，这是由于空气将 I^- 氧化成 I_2，这种现象称为终点返回，不应再继续滴定。

间接碘量法中使用到硫代硫酸钠标准溶液。硫代硫酸钠没有基准物质，不能直接配制标准溶液，需要配制成大概浓度后用基准物质进行标定。同时硫代硫酸钠溶液不稳定，在微生物、CO_2、O_2 等作用下容易发生分解。因此配制硫代硫酸钠溶液时，需要用新煮沸（除去 CO_2 和杀死细菌）并冷却的蒸馏水，加入少量 Na_2CO_3 使溶液呈弱碱性，以抑制细菌生长。配制好的溶液应保存在有色试剂瓶中，尽可能避免与空气接触。不宜长期保存，使用一段时间后需要重新标定。当溶液出现浑浊时，应重新配制。

（3）氧化还原滴定法应用实例

1）化学需氧量的测定

COD 是度量水体受还原性物质（主要是有机物）污染程度的综合性指标。它是指水体中还原性物质所消耗的氧化剂的量，换算成氧的质量浓度（以 mg/L 计）。

① 利用酸性高锰酸钾法测定的化学需氧量简称 COD_{Mn}。测定时，在水样中加入 H_2SO_4 及一定量的 $KMnO_4$ 溶液，沸水浴中加热 30min，使其中的还原性物质氧化。剩余的 $KMnO_4$ 用一定量过量的 $Na_2C_2O_4$ 还原，再以 $KMnO_4$ 标准溶液返滴定过量的 $Na_2C_2O_4$。该法适用于饮用水、地表水 COD_{Mn} 的测定。本法反应式为：

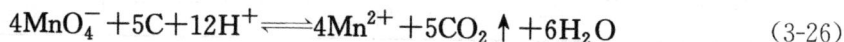

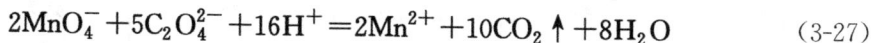

$$4MnO_4^-+5C+12H^+\Longleftrightarrow 4Mn^{2+}+5CO_2\uparrow+6H_2O \tag{3-26}$$
$$2MnO_4^-+5C_2O_4^{2-}+16H^+=2Mn^{2+}+10CO_2\uparrow+8H_2O \tag{3-27}$$

② 在酸性介质中，以重铬酸钾作为氧化剂测定的化学需氧量简称 COD_{Cr}。分析步骤如下：于水样中加入 $HgSO_4$ 消除 Cl^- 的干扰，加入过量 $K_2Cr_2O_7$ 标准溶液，在强酸介质中，以 Ag_2SO_4 作为催化剂，回流加热，待氧化作用完全后，以 1,10-邻二氮菲-亚铁为指示剂，用 Fe^{2+} 标准溶液滴定过量的 $K_2Cr_2O_7$。重铬酸钾法一般用于测定化学需氧量较

大的水体，如生活污水，工业废水等。

2）硫代硫酸钠的标定

用 $K_2Cr_2O_7$ 基准物质标定 $Na_2S_2O_3$ 标准溶液：准确称取一定量的 $K_2Cr_2O_7$ 于碘量瓶中，加水溶解，加入一定量硫酸和过量的 KI 固体，在暗处放置一定的时间，待完全反应后，加水稀释减小酸度，用 $Na_2S_2O_3$ 标准溶液滴定接近终点时，再加入新配制的淀粉溶液，继续滴定至溶液蓝色消失。有关反应式如下：

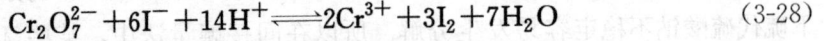

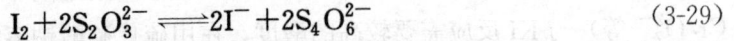

$$Cr_2O_7^{2-}+6I^-+14H^+ \rightleftharpoons 2Cr^{3+}+3I_2+7H_2O \tag{3-28}$$

$$I_2+2S_2O_3^{2-} \rightleftharpoons 2I^-+2S_4O_6^{2-} \tag{3-29}$$

根据称取的 $K_2Cr_2O_7$ 质量，$K_2Cr_2O_7$ 与 $Na_2S_2O_3$ 之间的定量关系，以及消耗的 $Na_2S_2O_3$ 溶液的体积计算出 $Na_2S_2O_3$ 标准溶液的浓度。

第二节 比色分析

1. 概述

（1）基本概念

比色分析法是利用被测定组分，在一定条件下，与试剂作用产生有色化合物，然后测量有色溶液颜色的深浅并与标准溶液相比较，从而测定组分含量的分析方法。比色分析法包括目视比色法和光电比色法，光电比色法又称为分光光度法。

比色分析法是一种准确、灵敏、快速而又方便的方法，广泛应用于微量及痕量组分的测定，测定的浓度下限可达 10^{-4} g/L，测定低含量组分时相对误差为 1%～5%。

（2）原理

1）有色化合物显色原理

各种溶液会显示各种不同的颜色，其原因是它们对光的吸收具有选择性。

具有同一波长的光线，称为单色光，包含有多种波长组合而成的光线称为混合色光。白光实际上是波长在 400～750nm 的电磁波，即由紫、蓝、青、绿、黄、橙、红等光按一定比例混合而成。例如黄色光与蓝色光可以混合为白光，此两种光色称为互补色。

当一束白光通过溶液时，如果溶液不吸收该波长范围内的任何光线，则溶液呈透明无色。如果溶液选择吸收了白光中某波段的光，则透射光中除白光外，还有白光中未被吸收的那一部分光，即被吸收的那个波段光的补色光，这就是溶液所呈现的颜色。例如黄绿色光与红紫色光互补，MnO_4^- 上具吸收黄绿色光的特性，因此高锰酸钾溶液呈紫红色。

物质呈现颜色与吸收光颜色和波长的关系　　　　　　　　　　表 3-3

物质呈现的颜色	吸收光		物质呈现的颜色	吸收光	
	颜色	波长范围(nm)		颜色	波长范围(nm)
黄绿	紫	380～435	紫	黄绿	560～580
黄	蓝	435～480	蓝	黄	580～595
橙红	绿蓝	480～500	绿蓝	橙红	595～650
红紫	绿	500～560	蓝绿	红	650～760

2）显色反应与显色剂

比色分析法只能测定有色溶液，如果被测试样无色，必须加入一种能与被测物质反应生成稳定有色物质的试剂，然后进行测定，这个过程称为显色反应，加入的试剂称为显色剂。常见的显色反应可分为两类：一类是形成螯合物的配位反应；另一类是氧化还原反应。应用于比色分析法时，显色剂必须具备下列条件：

① 选择性好：在显色反应条件下，显色剂尽可能不与溶液中其他共存离子显色，即使显色也必须与被测物质的显色产物的吸收峰相隔较远。

② 灵敏度高：显色反应中生成的有色化合物应有较大的摩尔吸光系数。

③ 稳定：生成的有色化合物化学性质要较为稳定。

3）显色反应条件

为了提高比色测定的灵敏度和准确度，必须选择合适的显色反应条件。显色反应不仅与显色剂有关，显色剂的用量、溶液酸度、显示时间、温度等均会影响显色结果。

① 显色剂用量

在显色反应中，显色剂的用量一般都是适当过量的，以使被测物质尽可能转化为有色化合物，但并非显色剂加得越多越好，显色剂过多，则会发生其他副反应，影响测定。

② 溶液酸度

有机显色剂大部分是有机弱酸，溶液的酸度影响显色剂的浓度以及本身的颜色。由于大部分金属离子容易水解，酸度也会影响金属离子的存在状态，进一步影响有色化合物的组成和稳定性。因此，应通过实验确定出合适的酸度范围，并在水质分析中严格控制。

③ 显色时间

有些显色反应能迅速完成并且颜色稳定；但多数显色反应在加入试剂后，都要经过一定时间才能呈现稳定的颜色。由于实验室条件（光照）、纯水中杂质等，显色时间过长又会导致褪色。因此要在显色反应完成，颜色达到最大深度且稳定的时间范围内进行测定。

④ 显色温度

般条件下，显色反应在室温下进行，但有些显色反应需加热到一定程度才能完成。因此，不同的显色反应应选择适宜的显色温度，并注意控制温度。

4）朗伯-比尔定律

当一束光通过有色溶液时，由于溶液中溶质的原子或分子吸收了一部分光能，光线的强度就会降低，这种现象就是溶液对光的吸收作用。溶液的颜色越深，透过的液层厚度越大，射入溶液的光线（即入射光）越强，则溶液对光线的吸收越多，光线强度的减弱也越显著。

光线强度的变化与有色溶液的厚度的关系，根据朗伯定律是：如果溶液的浓度一定，即溶液颜色的深浅一定时，溶液对光的吸收与液层的厚度及入射光的强度成正比。

而光线强度的变化与有色溶液浓度的关系，根据比尔定律是：对于液层厚度一定而浓度不同的溶液，即颜色深浅不同的溶液来说，溶液对光线的吸收是与溶液的浓度以及入射光的强度成正比。

综合上述关系，推导得出朗伯-比尔定律的数学表达式为：

$$\lg \frac{I_0}{I} = K \cdot C \cdot l \tag{3-30}$$

或

$$\frac{I_0}{I} = 10^{-KCl} \tag{3-31}$$

式中：I_0——入射光（进入溶液前）的强度；

I——透射光（透入溶液后）的强度；

l——光线通过有色溶液的液层厚度（亦称光程或光径）；

C——溶液里有色物质的浓度；

K——常数。对于某种有色物质在一定波长的入射光时，K 为一定值。如果液层厚度 l 以厘米，浓度 C 以摩尔浓度为单位，则此常数称为摩尔吸光系数。

$\lg \dfrac{I_0}{I}$ 表示光线通过溶液时被吸收的程度，一般称为"吸光度"或"光密度"，通常以 A 表示。即：

$$A = \lg \frac{I_0}{I} = K \cdot C \cdot l \tag{3-32}$$

溶液的吸光度与溶液中有色物质的浓度（C）及液层厚度（l）的乘积成正比。当液层厚度（即比色池宽度）固定，则：$A = K \cdot C$。

注：朗伯-比尔定律仅适用于单色光。

2. 目视比色法

（1）概述

目视比色法是用肉眼来观测溶液对光的吸收，即观测颜色的深浅。一般是以被测定的溶液与已知浓度的溶液比较，来确定被测组分的含量。

目视比色法在应用中常采用标准系列法。首先准备一系列已知不同浓度的、组成相同的标准溶液。把这些溶液置于比色管中，然后将同体积的未知溶液置于另一比色管中。若未知溶液与标准系列中任何一溶液的颜色深度相同（由管口向下注视），则两管中的溶液浓度相等。如果试液颜色的深浅介于某两个标准溶液之间，则试液的浓度也必介于这两个标准溶液之间。

为了减少误差，在制备标准溶液及未知溶液时，必须尽可能地在完全相同的情况下进行，不但方法、步骤相同，试剂的用量相同，而且最好使用同一试剂瓶中的试剂。

标准系列法设备简单，操作简便，适宜大批样品的分析，同时若溶液不符合比尔定律，也影响不大。但由于人对颜色深浅的分辨率较差，而且眼睛在观察有色溶液时很容易疲劳，使观察颜色差别的准确度降低，易产生很大的主观误差。

（2）目视比色法应用实例

1）铂-钴标准比色法测定水中色度

用氯铂酸钾和氯化钴配制成与天然水黄色色调相似的标准色列，规定 1mg/L 铂所具有的颜色作为 1 个色度单位，称为 1 度。配制成的铂-钴标准色列，用于水样色度的目视比色法测定。

2）锆盐茜素比色法测定水中氟化物

锆盐茜素比色法测定生活饮用水及其水源水中氟化物采用的是目视比色法。在酸性溶液中，茜素磺酸钠与锆盐形成红色络合物，当有氟离子存在时，形成无色的氟化锆而使溶液褪色，溶液颜色逐渐向黄色靠近。因跨越红色到黄色的颜色色差，不宜用分光光度法测量，而通过目视比色法可定量水中氟化物的含量。

3）次氯酸钠中重金属的测定

在弱酸性（pH值3～4）的条件下，次氯酸钠中的重金属离子与硫离子生成棕黑色沉淀，与相同方法处理的铅标准溶液比较，作限量实验。

取三支50mL比色管，分别加入铅标准溶液（A管）、次氯酸钠溶液（B管）、铅标准溶液和次氯酸钠溶液（C管），用双氧水还原次氯酸钠后调节溶液至弱酸性，再加入硫化氢饱和溶液或硫化钠溶液，在暗处放置5min。在白色背景下观察三支比色管颜色的深度，从而分析次氯酸钠中重金属的含量。

3. 分光光度法

分光光度法是通过测定被测物质在特定波长处或一定波长范围内光的吸光度或发光强度，对该物质进行定性和定量分析的方法。

（1）分光光度计

1）分光光度计的分类

分光光度计一般是由光源、单色器、吸收池、光电转换器和信号显示及记录五部分组成。根据结构不同，分光光度计可分为单光束分光光度计和双光束分光光度计。

① 单光束分光光度计

单光度分光光度计，即经过单色器分光后的一束单色光先后通过参比溶液与被测溶液，然后分别测量透射光的强度。单色光分光光度计构造简单、应用广泛，其主要缺点是不能克服由于光源不稳定带来的测量误差。

图3-2 单光束分光光度计结构图

② 双光束分光光度计

双光束分光光度计，是把经单色器分光后的单色光，再经反射镜分解成强度相同的两束光，同时经过参比溶液与被测溶液，然后同时测量透射光的强度。双光束分光光度计的最大优点便是克服了由于光源不稳定带来的测量误差。

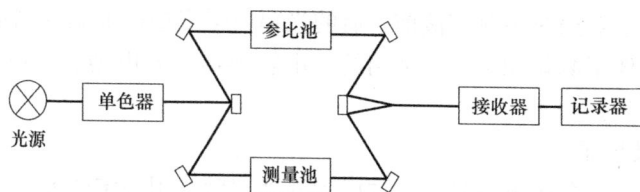

图3-3 双光束分光光度计结构图

2）分光光度计的构造

① 光源

光源的作用是提供入射光，需满足以下要求：

a. 光源发出光的波长要满足需要。对于可见光分光光度计，要提供400～700nm的光；紫外可见分光光度计则要提供200～800nm的近紫外和可见光。

b. 光源的发光强度要足够，否则不能在检测器上产生相应的信号，影响信号的检测。

c. 光源的发光强度要稳定。在测量期间应保持光强度不变，否则由于光强度不稳，影响测定结果的重复性。

可见光分光光度计采用的光源为钨丝白炽灯。白炽灯的波长范围为 320～2500nm。钨灯工作时会放出大量的热，为延长钨灯的使用寿命，许多仪器在钨灯座上安装了散热片。对于紫外可见分光光度计，它的光源除了钨丝白炽灯外，还要有氘灯提供紫外部分的光源，发光的波长范围是 200～400nm。为保证发光强度的稳定性，必须保证供电电源的电压稳定，建议配稳压电源。

② 单色器

单色器的作用是把光源发出的连续光谱分解成单色光，并能准确方便地得到所需要的波长。朗伯-比尔定律只适用于单色光，如果不是单色光通过溶液的话，将产生测定误差，因此单色器性能是衡量分光光度计性能的重要指标。

单色器是利用光的色散原理制成的。色散即是复合光变成各种波长单色光的过程，能使复合光变成各种单色光的器件称为色散元件。单色器即是由色散元件、狭缝和透镜系统组成。狭缝和透镜的作用是调节光的强度，控制光的方向并能得到所需波长的单色光。

现在的分光光度计一般采用棱镜或光栅作为色散元件。棱镜单色器的分光能力较差，波长重复性也较差，在可见光区波长的精度为 ±3～5nm。对于要求精密分辨性能较高的单色器现大多使用光栅单色器。光栅单色器中光栅的刻痕越密，对光的分辨率就越高，可达 ±0.2nm。

③ 吸收池

吸收池是盛装被测溶液的装置，它的作用是让单色器出来的单色光全部进入被测溶液，并且让透过溶液的光全部进入信号检测器。因此吸收池的材质对所通过的光是完全透明，即不吸收或只有很少部分吸收。

盛装液体样品的吸收池也就是"比色皿"。比色皿有玻璃和石英材质两种，在可见光区常用玻璃比色皿，在紫外光区必须使用石英比色皿，因为普通玻璃在紫外光区有吸收。比色皿有不同的规格，即不同的光程，如 1.0cm、2.0cm、3.0cm 等。

④ 光电转换器

分光光度计要求对通过被测溶液前、后的光辐射强度进行准确的测量。因此要把光强度转为电信号，以便于测量和记录。常用的光电转换器有光电池、光电管、光电倍增管、光导管与二极管阵列。

⑤ 信号显示及记录

光电转换器产生的各种电信号，经过放大等处理后，用一定的方式显示出来，以便于计算和记录。目前的分光光度计多采用数字电压表等显示，并备有计算机数据处理终端。

(2) 分光光度法测定条件的选择

1) 选择合适的波长

波长对于比色分析的灵敏度、准确度和选择性有很大的影响。选择波长的原则是：吸收最多，干扰最少。因为吸光度越大，测定的灵敏度越高，准确度也越高；干扰越小时，选择性好，测定的准确度也得到提高。

2) 控制适当的吸光度范围

为了减少测量误差，一般应使被测溶液的吸光度 A 处在 0.1～0.7 之间为宜，为此可通过调节溶液的浓度和选择不同厚度的吸收池来达到此目的。

3）选择适当的参比溶液

参比溶液也称为空白溶液。在测定吸光度时，利用参比溶液调节仪器的零点，可消除由吸收池和溶剂对入射光的反射和吸收所带来的误差。常见的参比溶液有：

① 溶剂参比：制备试样溶液的试剂和显色剂均为无色，即溶液中除被测物质外其他物质在测定波长处均无吸收，可用溶剂作参比溶液。

② 试剂参比：显色剂或其他试剂有颜色，在测定波长处有吸收，可按显色反应相同的条件，只是不加入试样，同时加入所需试剂和溶剂作为参比溶液。

③ 试样参比：试样基体有色（如试样溶液中混有其他有色离子），即在测定波长处有吸收，而不与显色剂起显色反应时，可按显色反应相同条件，取相同量的试样溶液，只是不加入显色剂作参比溶液。

4）干扰消除

在实际样品中常含有干扰物质影响比色，可通过调节酸度提高显色反应选择性，加入掩蔽剂掩蔽干扰离子，或者将干扰物分离等方法消除干扰。

（3）分光光度法的定量方法

分光光度法中常通过标准曲线法对化合物进行定量。根据朗伯-比尔定律 $A = K \cdot C \cdot l$，对于一种有色化合物，K 是一个定值，若把光程 l 也固定，那么吸光度 A 就和溶液的浓度 C 成正比，也就是吸光度 A 与浓度 C 呈线性关系。

选择配制一系列适当浓度的标准溶液，显色后分别测定其吸光度；然后把吸光度 A 对浓度 C 作图，即得校准曲线。然后把被测样品显色后，测得吸光度，在校准曲线上查得被测组分的浓度。

（4）分光光度计的使用和维护

分光光度计的种类繁多，这里以 722S 型分光光度计为例，介绍 722S 型分光光度计的使用及日常维护。

1）722S 型分光光度计操作步骤

① 仪器预热：检查电源是否有稳定的电压和足够的负荷，环境条件是否符合要求，打开仪器电源开关，预热 30min。

② 波长选择：根据待测物质的特定吸收波长，转动波长调节手轮，使指针指向所需的单色光波长。

③ 仪器校正：将盛有参比溶液的比色皿置于比色皿架上，拉动拉杆使其位于光路中，盖好样品室盖子，调节模式至"透射比"，按"100％"校正键校正透过率为 100％，再打开样品室盖子，按"0％"校正键校正透过率为 0，重复以上步骤至校正正确。

④ 样品测定：调节模式至"吸光度"。将装有待测样品的比色皿置于比色皿架上，盖好样品室盖子。待读数稳定读取数值，即为样品吸光度 A。

⑤ 关机：样品测定完毕，关闭仪器电源开关，及时清洗比色皿。

2）722S 型分光光度计的日常维护

① 分光光度计存放地点的环境要素应符合要求，注意温湿度的控制，避免阳光直射及强烈震动，无腐蚀性气体或灰尘等。若样品为有机溶剂，应确保通风良好。

② 为防止光电路疲劳，不测定时应将样品室盖子打开，切断光路，以延长光电管的

使用。

③ 定期清理光路玻璃面上的灰尘，仪器不用时可在样品室内放置干燥剂，并加盖防尘罩。

④ 使用分光光度计后，检查样品室内是否有溢出溶液，经常擦拭样品室。

⑤ 注意保护比色皿的透光面不被划伤，防止污染，用擦镜纸轻拭干净，存于比色盒中备用。

（5）分光光度法的应用实例

1）二氮杂菲分光光度法测定水中铁

在水样中加入盐酸和盐酸羟胺溶液，经加热煮沸后，盐酸可溶解水样中难溶的铁化合物，盐酸羟胺将高价铁还原为低价铁离子。pH 值 3～9 条件下，低价铁离子与二氮杂菲会生成橙色络合物，该络合物在波长 510nm 处有最大吸收。通过分光光度计测定其吸光度，从而检测出水中总铁的含量。

2）紫外分光光度法测定水中硝酸盐氮

在紫外光光区 220nm 和 275nm 波长处分别测定水样的吸光度，以 220nm 波长吸光度减去 2 倍 275nm 波长的吸光度作为硝酸盐的吸光度，即 $A = A_{220nm} - 2A_{275nm}$。其中，硝酸盐和有机物在 220nm 波长处均有紫外吸收；而 275nm 处硝酸盐无紫外吸收，且部分有机物在此波长处有紫外吸收。经过经验统计后，扣除两倍的 A_{275nm}，若 A_{275nm} 的 2 倍大于 A_{220nm} 的 10%，该方法将不能适用。扣除后的吸光度（$A = A_{220nm} - 2A_{275nm}$）遵循朗伯-比尔定律，从而可定量分析出水中硝酸盐氮的含量。

3）紫外分光光度法测定水中石油类

在 pH≤2 的条件下，用正己烷萃取水中的石油类化合物，萃取液经无水硫酸钠脱水，再经硅酸镁吸附除去动植物油类等极性物质后，于 225nm 波长处测定吸光度，石油类含量与吸光度值符合朗伯-比尔定律。

第三节　电化学分析

1. 概述

依据被测物质溶液所呈现的电学和电化学性质及其变化而建立起来的分析方法，统称为电化学分析方法。这类方法，通常是以试液作为电解质溶液，选配适当的电极（指示电极和参比电极），构成一个电化学电池，通过测量电化学电池的某些参数，如电导、电位、电量和电流等，或者测量这些参数在某个过程中的变化情况求得分析结果。

根据所测电参数的不同，电化学可分为：电导法、电位法、电解法、库伦法和极谱法等。

（1）电化学基础知识

1）电化学电池

电化学反应的实质是物质间发生了电子的转移，即还原剂将电子转移给氧化剂。例如，金属 Zn 与含 Cu^{2+} 溶液的反应：

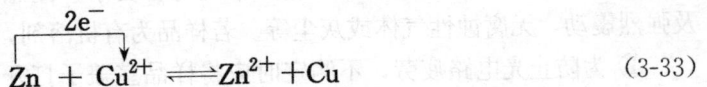

$$\overset{\overset{\displaystyle 2e^-}{\big\downarrow}}{Zn + Cu^{2+}} \Longrightarrow Zn^{2+} + Cu \tag{3-33}$$

其结果是 Zn 变成了 Zn^{2+}，Cu^{2+} 变成了 Cu。但在通常情况下，这一反应却得不到电流。这是由于反应时所产生的化学能全转变成热散失掉了。欲使这一氧化还原反应所产生的化学能转变成电能，产生电流，则必须具备以下两个条件：

其一，反应中的氧化剂与还原剂溶液必须分割开来，不能使其直接接触，并保持两种溶液都处于电中性。

其二，电子由还原剂传递给氧化剂，要通过溶液之外的导线（外电路）。

能实现这一要求的电化学反应装置，通称为电化学电池。化学电池能自发地将本身的化学能转变成电能的，称之为原电池。如果实现电化学反应所需的能量是由外部电源供给的，则称之为电解池。

2）电池的电动势

电池的电动势是指当流过电池的电流为零或接近于零时两电极间的电位差，以 $E_池$ 为表示符号，V 为单位。

电池电动势的大小，不仅取决于该电池的电化学反应，同时与溶液中发生氧化还原反应的离子浓度有关，其关系可以用能斯特方程表示：

$$E = E_0 + \frac{RT}{nF} \ln \frac{[氧化态]}{[还原态]} \tag{3-34}$$

式中：
E——电池电动势，V；
E_0——电池标准电动势，V；
R——气体常数；
T——热力学温度；
n——电极反应的电子数；
F——法拉第常数；
$[氧化态]$、$[还原态]$——平衡状态下，氧化态、还原态的活度，mol/L。

（2）指示电极和参比电极

电位分析法中，必须准确测定电极的电位，根据测得电位，求出待测离子浓度。但是单个电极的电位是无法准确测量的，必须再加一个已知电极电位的电极做参比，测量两个电极间的电位差，从而求得待测电极的电位。这样我们就把能指示被测离子浓度变化的电极称为指示电极，把另一个不受被测离子影响，电位基本恒定的电极称为参比电极。

1）参比电极

① 标准氢电极

目前对单个电极的绝对电位值还无法测定，只能测定电池的电动势。于是统一以标准氢电极（normal hydrogen electrode，NHE）为标准，并人为地规定了其电极电位为零。

标准氢电极的电极反应为：$2H^+ + 2e^- \rightleftharpoons H_2$，在标准状态下电极电位为零，是校正其他指示电极和参比电极的基准。

② 甘汞电极

在一层纯 Hg 上覆盖一层 Hg/Hg_2Cl_2 的浆糊，浸在 KCl 溶液里，便得到甘汞电极，其电极反应为：$Hg_2Cl_2 + 2e^- \rightleftharpoons 2Hg + 2Cl^-$。其电极电位取决于溶液中 Cl^- 的浓度，按所采用的 KCl 浓度的不同，可制得不同类型的甘汞电极。甘汞电极在电化学分析中是最常用的参比电极。

③ 银-氯化银电极

银丝镀上一层氯化银沉淀，浸在一定浓度的 Cl^- 溶液中，即构成了银-氯化银电极。其电极反应为：$AgCl + e^- \rightleftharpoons Ag + Cl^-$；电极电位也与 Cl^- 浓度有关。

Ag-AgCl 电极所用的 Cl^- 溶液可以是 HCl 溶液，也可以是氯化物溶液，如 KCl、NaCl 等，但均应预先以 AgCl 沉淀饱和，否则由于在较浓的 Cl^- 溶液中，附着在银丝上的 AgCl 溶解，暴露出纯银表面，使电极电位不稳定。

2）指示电极

① 金属电极

金属电极是指金属与该金属离子溶液所组成的电极体系，例如：$Ag\text{-}AgNO_3$ 电极（银电极），$Zn\text{-}ZnSO_4$ 电极（锌电极）等。其电极反应为：$M^{n+} + ne^- \rightleftharpoons M$。

金属电极的电位仅与金属离子的浓度有关。构成金属电极常用的金属有 Ag、Cu、Zn、Cd、Hg 和 Pb。

② 离子选择电极

离子选择电极是近年来发展起来的新型指示电极，它的品种繁多，响应机理各异，但都有个共同的部分，即离子敏感膜。这种膜只允许特定的离子通过，这种膜制成的电极电位与溶液中相应特定离子的活度的对数呈直线性关系。pH 计上使用的玻璃电极就是这类电极。

2. 电化学分析法在水质分析中的应用

（1）电导法测定溶液的电导率

1）原理

电导率仪的测量原理是将两块平行的电极极板，放到被测溶液中，在极板的两端加上一定的电势（通常为正弦波电压），然后测量电极板间流过的电流。对于一固定电极，L/A 值为一常数，称为电导池常数。

$$k = G \cdot \frac{L}{A} = G \cdot \theta \tag{3-35}$$

电导池常数 θ 不是直接测量得到，一般是利用已知电导率的 KCl 溶液，测量其电导求得 θ。

2）电导率的测定

① 开机，预热一定时间（时间长短根据仪器使用说明）。

② 设置电导池常数和补偿温度等。根据仪器使用说明对电导池常数和温度补偿等进行设置。

③ 测试待测样品。把电极插入到待测溶液中（不要将电极插到容器的底部，应悬在底部上方至少 1/4 英寸处），轻拍电极以除去气泡，并将电极浸入溶液中 2～3 次以确保适当的湿润，放置 60s 以上使读数稳定，读取数值。测量完成。

④ 测量结束，将电极清洗干净，关闭电导仪。

3）注意事项

① 为保证测量精度，必要时在仪器使用前应该用校准液对电极常数进行重新标定。同时，应定期进行电导电极常数的标定。

② 盛放被测溶液的容器须干净，无离子污染。

③ 为确保测量精度，电极使用前应用小于 0.5us/cm 的去离子水或蒸馏水冲洗几次，然后再用被测试样冲洗后方可测量。

④ 在测量高纯水时应避免污染，正确选择电导电极的常数，最好采用密封、流动的测量方式。

4）电导仪的维护和保养

① 电极使用后必须用超纯水冲洗干净，并保持其干燥，勿用物品擦拭铂黑电极。

② 防止湿气、腐蚀性气体进入机内，电极插座应保持干燥。

③ 如果电极被玷污，要根据电极的说明书对电极进行清洗。

（2）电位法测定溶液的 pH 值

1）原理

用玻璃电极作指示电极，甘汞电极作参比电极，测量溶液的电动势以确定氢离子的活度，这是测量 pH 值的基本原理。

pH 玻璃电极的基本构造是由特殊玻璃制成的薄膜球，球内贮以 0.1mol/L HCl 溶液，作为恒定 pH 值的内参比溶液，并插入镀有 AgCl 的 Ag 丝，构成 Ag/AgCl 内参比电极。实验室所广泛应用的 pH 玻璃电极，如图 3-4 所示。

当以 pH 玻璃电极作为测定溶液 pH 值的指示电极时，除将其插到被测溶液中，另外再插入一个参比电极，通常是饱和甘汞电极，称为外参比电极，于是组成了一个化学电池：

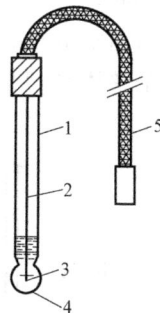

图 3-4 玻璃电极结
构示意图
1—玻璃管；2—内参比电极
（Ag/AgCl）；3—内参比
溶液（0.1mol/L HCl 溶液）；
4—玻璃薄膜；5—接线

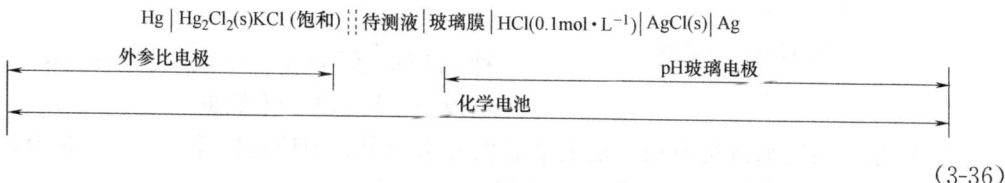

$$\text{Hg} \mid \text{Hg}_2\text{Cl}_2(\text{s})\text{KCl (饱和)} \vdots \text{待测液} \mid \text{玻璃膜} \mid \text{HCl}(0.1\text{mol} \cdot \text{L}^{-1}) \mid \text{AgCl}(\text{s}) \mid \text{Ag}$$

|←── 外参比电极 ──→| |←────── pH玻璃电极 ──────→|
|←──────────── 化学电池 ────────────→|

(3-36)

在上述原电池中，以玻璃电极为正极，饱和甘汞电极为负极，则所组成电池的电动势（即 pH 玻璃电极的电位）与被测试液的 pH 值符合下列关系：

$$E = b - \frac{2.303RT}{F}\text{pH} \tag{3-37}$$

b——待测溶液的电动势。

因此玻璃电极对试液中 a_{H^+} 可产生能斯特反应。式中的 b 项，受电极、溶液组成、电极使用时间长短等诸多因素影响，既不能准确测定，又不易由理论计算来求得，因此在实际工作中，常采用"两点测量法"进行。首先用标准缓冲溶液来校准 pH 计。即先用已知 pH 值的标准缓冲溶液求出上述电池的电动势，并以 E_s 和 pH_s 分别表示此时电池电动势和 pH 值，则

$$E_s = b - \frac{2.303RT}{F}\text{pH}_s \tag{3-38}$$

然后再测定未知溶液，分别以 E_x 和 pH_x 分别表示其电池电动势和 pH 值，

$$E_x = b - \frac{2.303RT}{F}\text{pH}_x$$

所以 $pH_x = pH_s + \dfrac{(E_s - E_x)F}{2.303RT}$

上式就是利用玻璃电极测定 pH 值时，实际使用的 pH 标度定义。由于用 pH 玻璃电极测定溶液的 pH 值时是与标准缓冲溶液的 pH 相比较而确定的，因此为减少相对误差，所选用的标准 pH 溶液，其 pH 值应与被测液的 pH 值相接近，并应使标定和测定的环境条件相同。

目前常用的是复合式 pH 玻璃电极，即将 pH 玻璃电极与外参比电极结合在一起，成为一个整体的 pH 玻璃电极，其具体结构如图 3-5 所示。

这种复合式 pH 玻璃电极的内、外两个参比电极间的电位差恒定。外参比电极通过多孔的陶瓷塞与未知 pH 值的待测溶液相接触，构成一个化学电池而实现了对待测溶液 pH 值的测定。

2）pH 值的测定

① 将电极保护套取下，并且打开电极上端的橡皮塞使其露出上端小孔。用纯水清洗电极，把电极表面的水吸干，然后开启仪器。预热一定的时间，具体预热时间参考仪器使用说明书。

② 校准 pH 计。首先准备好两种与待测溶液 pH 值相近的标准缓冲溶液。再依次用这两种 pH 标准缓冲溶液对 pH 计进行校准。记录电极响应斜率等校准数据。

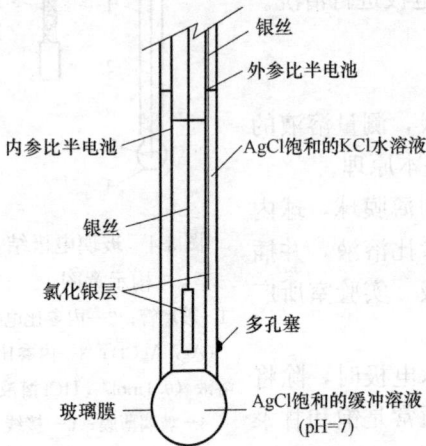

图 3-5　复合式 pH 玻璃电极结构示意图

③ 测量。用纯水清洗电极，把电极表面的水吸干。用玻璃棒搅拌溶液，使其均匀。然后把电极浸入待测溶液中，读取其 pH 值。

④ 测定结束后，塞上电极上端的橡皮塞，关掉电源。彻底清洗电极，把电极表面的水吸干，并及时将电极保护套套上，套内应添加电极浸泡液。

3）pH 值测定的注意事项

① 测量前充分摇匀待测溶液。静置溶液，让其平衡至室温。

② 校准完成后，应检查校准数据（电极响应斜率等）是否处于正常使用范围。电极响应斜率等不能超出此范围。

③ 测量时，电极的引入导线应保持静置，否则会引起测量不稳定。

④ pH 标准缓冲溶液要经常更新，不能使用超过有效期限或被污染的缓冲溶液。

4）pH 计的维护和保养

① 玻璃电极的膜很薄，易破碎，使用时要十分小心，不要碰坏。用纸吸干电极表面的水，不能摩擦玻璃电极。

② 玻璃电极的表面要保持清洁。如被玷污，一般性污染，可用 0.1mol/L HCl 浸泡电极数分钟，然后用蒸馏水洗净，再用 KCl 溶液浸泡使其复新；若由于油脂、树脂及蛋白质等物质的污染，则应根据污染物的具体类别选用不同的清洗剂进行清洗。

③ 玻璃电极不要接触能腐蚀玻璃的物质，如 F^-、浓 H_2SO_4、铬酸洗液等，也不要长时间浸泡在碱性溶液中。

④ 要及时添加参比溶液。

⑤ 定期更新电极浸泡液。

（3）电位法测定溶液中的氟化物

1）原理

由 LaF_3 单晶或掺有 Eu^{2+} 的 LaF_3 单晶切片制成的敏感膜对氟化物离子有选择性，在氟化镧电极膜两侧的不同浓度氟溶液之间存在电位差，这种电位差通常称为膜电位。电极结构如图 3-6 所示。

如上图所示，该电极是将 LaF_3 单晶片（掺入 EuF_2 的目的是为了增加其导电性）封在塑料管的一端，管内装 0.1mol/L KF-0.1mol/L NaCl 溶液作为内参比溶液，以 $Ag/AgCl$ 电极作内参比电极。LaF_3 单晶膜可交换的离子是 F^-，所以电极电位反映了试液中 F^- 的活度。$E = b - 0.0592 \lg a_{F^-}$。电极电位的大小与氟化物溶液的离子活度有关，利用电极电位与离子活度负对数值的线性关系直接求出水样中的氟离子浓度。

2）氟化物的测定

① 打开电源，预热一段时间，具体参考仪器说明书。

② 氟化物标准溶液制备。

③ 标准曲线绘制。分别测定不同浓度氟化物标准溶液的电位值，绘制 E- $\lg a_{F^-}$ 标准曲线。

④ 测定水样。测定水样的电位值，并根据标准曲线计算水样的氟化物含量。

3）注意事项

① 电极使用前和用后应用水充分冲洗干净，并用滤纸吸去水分。

② 如果试液中氟化物含量低，则应从测定值中扣除空白试验值。

③ 不得用手指触摸电极的敏感膜；如果电极表面被有机物等污染，必须清洗干净后才能使用。

（4）极谱法测定溶解氧

1）原理

溶解氧电化学探头是一个用选择性薄膜封闭的小室，室内有两个金属电极并充有电解质。氧和一定数量的其他气体等可以透过这层薄膜，但水和可溶性物质的离子几乎不能透过这层膜。将探头浸入到水中进行溶解氧的测定时，由于外加电压在两个电极之间产生电位差，使金属离子在阳极进入溶液，同时氧气通过薄膜扩散在阴极获得电子被还原，产生的电流与穿过薄膜和电解质层的氧的传递速度成正比，即在一定的温度下该电流与水中氧分压（或浓度）成正比。溶解氧电化学探头结构如图 3-7 所示。

两个电极发生的电化学反应如下：

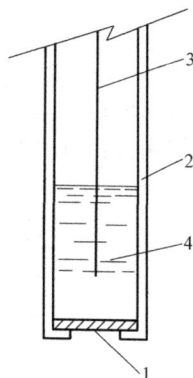

图 3-6　F^- 离子选择性电极结构示意图
1—LaF_3 单晶膜；2—塑料管；3—内参比电极（$Ag/AgCl$ 电极）；4—内参比溶液（0.1 mol/L KF—0.1mol/L NaCl）

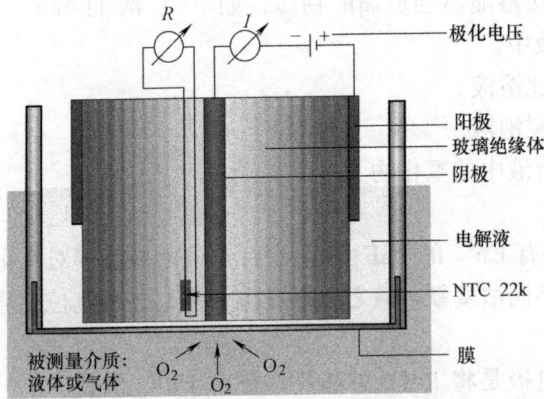

图 3-7　溶解氧电化学探头结构示意图

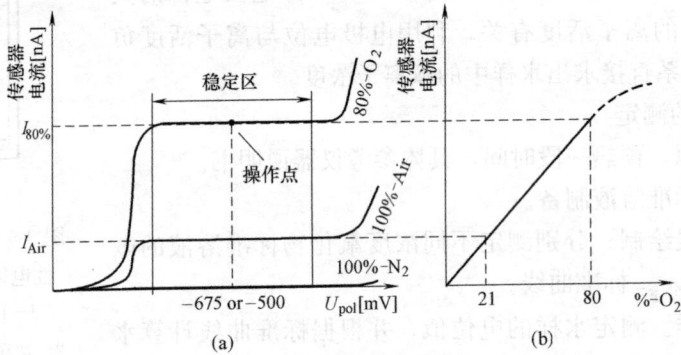

$$银阳极：4Ag+4Cl^- \rightleftharpoons 4AgCl+4e^- \tag{3-39}$$

$$铂阴极：O_2+2H_2O+4e^- \rightleftharpoons 4OH^- \tag{3-40}$$

图 3-8　极谱型溶解氧仪的极化曲线和工作曲线

(a) 极化曲线；(b) 工作曲线

极谱法是通过极谱电解过程所获得的电流-电压曲线（$I—U$ 曲线）来实现分析测定的。其极谱波如图 3-8 （a）所示，当外加适当的极化电压，极化电流处于稳定状态。此时，氧分压与传感器电流成正比。据此可以得到溶解氧仪的工作曲线，如图 3-8 （b）所示。所以，溶解氧仪常以空气或饱和介质为基准校准斜率。

2）溶解氧的测定

① 测量前准备。首先把氧电极插头凹槽对准仪器电极对接口凸起接入电极，用蒸馏水清洗电极。然后打开仪器，预热一定时间。

② 标定。可以采用两点标定和单点标定。一般零点在出厂时已校准。为了提高测量准确度，建议每次测量前都要进行饱和溶氧值的标定。具体操作可根据仪器使用说明进行零点标定或饱和溶氧值的标定。

③ 测量。将氧电极垂直向下置于被测水中，以一定速度匀速左右摇摆或保持水样流动，读取溶氧值或饱和度。测量结束后，清洗干净电极，套上电极保护套。

3）溶解氧测定的注意事项

① 必须保持电缆连接头清洁，不能受潮或进水。

② 如在使用过程中发现整个测量系统响应时间过长、数据不稳定，就需要更换或添加电极内电解内充液，每次更换或添加电解内充液混合，电极需要重新极化和标定。

③ 测量时，电极应垂直向下且水样处于流动或匀速搅动状态，否则由于极谱式电极会消耗掉接触处的氧而使测量结果偏低。

4）溶解氧仪的维护和保养

① 电极应定期清洗，拆装及清洗电极时不能用滤纸擦拭电极上的渗透膜，以免损坏渗透膜。

② 电极不使用时存贮在电极保护套内，不直接与水接触，定期检查，保证保护套内留有适量水。

第四节 重 量 分 析

1. 概述

重量分析法通常是用适当的方法将被测组分从试样中分离出来，转化为一定的称量形式，然后称重，由称得的物质的质量计算该组分的含量。根据被测组分与其他组分分离方法的不同，重量分析法一般分为以下四种方法。

（1）沉淀法

利用沉淀反应使被测组分以微溶化合物的形式沉淀出来，然后再将沉淀物过滤、洗涤、烘干或灼烧，最后称重，计算其含量。

（2）气化法（挥发法）

利用物质的挥发性质，通过加热或者其他方法使试样中待测组分（或者其他非待测组分）挥发逸出，然后称重，根据试样物质的减少量（或残留量）计算其含量。

（3）电解法

利用电解的方法使待测组分在电极上析出，然后称重，电极增加的重量即组分质量。

（4）过滤法

通过滤膜、滤纸、砂芯漏斗等形式过滤，使被测组分（或者其他非待测组分）截留，然后称量过滤前后滤膜、滤纸、砂芯漏斗等的质量，计算其含量。

2. 重量分析法应用

（1）溶解性总固体

1）原理

水样经过滤后，在一定温度下烘干，所得的固体残渣称为溶解性总固体，包括不易挥发的可溶性盐类、有机物及能通过滤器的不溶性微粒等。

烘干温度一般采用 $105\pm3℃$。但 $105℃$ 的烘干温度不能彻底除去高矿化水样中盐类的结晶水。采用 $180\pm3℃$ 的烘干温度，可得到较为准确的结果。

当水样的溶解性总固体中含有较多量的氯化钙、硝酸钙、氯化镁、硝酸镁时，由于这些化合物具有强烈的吸湿性使称量过程中不能恒定质量，此时可在水样中加入适量碳酸钠溶液提高称量准确度。

2）仪器

感量 0.1mg 的分析天平，水浴锅，电热恒温干燥器，100mL 的玻璃蒸发皿，硅胶作为干燥剂的干燥器，中速定量滤纸及相应滤器。

3）分析步骤

① 溶解性总固体（在105±3℃烘干）。

将蒸发皿洗净，放在105±3℃烘箱内30min。取出，于干燥器内冷却30min。

在分析天平上称量，再次烘烤、称量，直至恒定质量（两次称量相差不超过0.0004g）。

将水样上清液用滤器过滤，用无分度吸管吸取过滤水样100mL于蒸发皿中，如水样的溶解性总固体过少可增加水样体积。

将蒸发皿置于水浴上蒸干（水浴液面不要接触皿底）。将蒸发皿移入105±3℃烘箱内，1h后取出。干燥器内冷却30min，称量。

将称过质量的蒸发皿再放入105±3℃烘箱内30min，干燥器内冷却30min，称量，直至恒定质量。

② 溶解性总固体（在180±3℃烘干）。

按上述步骤将蒸发皿在180±3℃烘干并称量至恒定质量。

吸取100mL过滤水样于蒸发皿中，精确加入25.0mL碳酸钠溶液（10g/L）于蒸发皿内，混匀。同时做一个只加25.0mL碳酸钠溶液（10g/L）的空白。计算水样结果时应减去碳酸钠空白的质量。

4）计算

$$\rho(\text{TDS}) = \frac{m_1 - m_0}{V} \times 1000 \times 1000 \tag{3-41}$$

式中：$\rho(\text{TDS})$——水样中溶解性总固体的质量浓度，单位为mg/L；

$\qquad m_1$——蒸发皿和溶解性总固体的质量，单位为g；

$\qquad m_0$——蒸发皿的质量，单位为g；

$\qquad V$——水样体积，单位为mL。

5）注意事项

① 项目中要求的烘干时间都是指达到105℃（或180℃）后持续的时间。

② 放置蒸发皿的干燥器一般应放置于控制温湿度的房间，如天平室。

③ 空蒸发皿平衡和称量环境要与溶解性固体烘干后的蒸发皿平衡和称量环境尽量保持一致，这里的环境包括温度、湿度，以及样品较多时每个蒸发皿的称量顺序等。

（2）重量法其他应用

重量法也适用于以下项目的检测：《水处理用滤料》CJ/T 43—2005中含泥量、筛分、盐酸可溶率、破碎率与磨损率之和，《生活饮用水用聚氯化铝》GB 15892—2009中不溶物的质量分数，以及《工业高锰酸钾》GB/T 1608—2017中水不溶物的质量分数。

第五节　微生物分析

世界卫生组织（WHO）的《饮用水水质准则》指出："与饮用水相关的最常见的健康风险是微生物污染，由其导致的结果表明微生物控制常常是首要的。"由此，为控制水中的微生物风险，必须加强日常的微生物指标检测，如：菌落总数、总大肠菌群、耐热大肠菌群、大肠埃希氏菌、两虫等。而对供水企业来说，藻类的监测和分类，对预警和防控水体的感官性指标以及藻毒素都具有重要的意义。

微生物实验室有别于化学分析类实验室，对实验环境、区域划分、设备和试剂的配置、废弃物处理等方面均有其特点。微生物项目的操作人员需要有微生物专业背景，经过严格培训并掌握必要的安全及操作知识，方可上岗。

1. 微生物实验室环境要求

微生物实验室要根据实验流程（准备→无菌操作→培养→验证操作→灭菌清洗）进行合理布局，明确分区。尽量做到物流、人流方向单向性，避免交叉污染。根据功能不同，主要分为预处理区（室）和洁净区（室）。

（1）预处理区功能及设置要求

预处理区（室）包含了流程前段的培养基配制、实验器具灭菌；流程后段的样品培养、样品清理、灭菌清洗等功能。

要求室内空气清洁，避免尘埃、过堂风和温度骤变。墙面、地面、工作台面要光滑、不透水、抗腐蚀，以便清洁、消毒。照明均匀而不眩目。注意具有危害性的生物因子：菌种、标准、气溶胶、污染程度较高的样品、阳性培养物对室内环境的影响。

（2）洁净区结构及使用要求

洁净区（室）包含了用于无菌操作的无菌室、用于阳性接种的阳性室。洁净室一般由1~2个缓冲间和操作间组成。设置具有紫外灭菌灯的传递窗用于传输样品和材料。操作间建议分开设置进、出物品传递窗。洁净室内六面应光滑平整无死角，两面之间连接处采用凹弧倒角处理，以便于清洁消毒。

1）洁净室应具有空气净化系统，洁净度要求10000级，内设置100级超净工作台。室内温度控制在20±5℃，相对湿度控制在30%~70%。

应定期进行洁净度确认试验。可采用沉降菌试验：将倒好营养琼脂培养基的平皿开盖放置在操作间的各个区域（一般设左中右3个点）30min后合盖，经36±1℃、48h培养后，清点菌落总数。控制要求：10000级洁净度，平均菌落总数≤3CFU；100级洁净度，平均菌落总数≤1CFU。

2）洁净室使用前，应该先打开紫外杀菌灯照射30~60min。关闭紫外灯后，打开空气净化装置，通风30min以上再进入操作间。使用完毕后，打开紫外杀菌灯辐照30min。

3）进入洁净室时，不可同时打开缓冲间两头的门。应在缓冲间更换好工作衣和鞋子，戴好口罩。洁净室内应尽可能减少人员的活动，单个操作间内不得同时多于3人在场。

4）洁净室应备有消毒液，如70%的酒精、0.1%的新洁尔灭溶液等。实验完毕，及时清理操作区，除了放置必要的实验物品，如酒精灯、过滤器、移液器、吸头及吸头盒等，其他物品用完及时清理出操作区，不得在洁净室内整理物品。

2. 微生物实验室常用设备及材料

（1）压力蒸汽灭菌器

压力蒸汽灭菌器是一种利用饱和蒸汽对物品进行迅速而可靠地消毒灭菌的设备。常用的压力蒸汽灭菌器有：手提式压力蒸汽灭菌器、立式压力蒸汽灭菌器（手动或全自动）。手提式压力蒸汽灭菌器适于一般检测实验室，但操作不够方便，现已逐步淘汰。现在使用较多的是立式压力蒸汽灭菌器。

立式压力蒸汽灭菌器使用注意事项：

1）每次使用前检查灭菌器里的水位，控制合理水位。

2）灭菌器用水应该选用蒸馏水。

3）手动立式压力蒸汽灭菌器运行时要排放掉灭菌器中的空气后才能关闭放气阀。

4）压力表、安全阀要定期检定。

压力蒸汽灭菌器灭菌效果的检验有生物法、温度计法和化学法。

1）生物法：将有芽孢的枯草杆菌放在培养皿内，经过压力蒸汽灭菌器灭菌后加入培养基，放在培养箱内培养。若不长菌即表示灭菌效果良好。也可使用市售的生物指示剂检验。

2）温度计法：将量程是150℃的水银截点温度计甩至100℃以下，跟随物品一起灭菌。灭菌后观察温度计指示的温度。如已达到设置的灭菌温度表示灭菌效果良好。

3）化学法：用硫黄粉或变色指示管检验。

（2）显微镜

显微镜是用于观察微小物体的仪器。实验室中常用的显微镜有：普通光学显微镜、暗视野显微镜、相差显微镜、荧光显微镜和电子显微镜等。微生物检验最常用的是普通光学显微镜。

1）操作使用

显微镜安装调试参照使用说明书，普通光学显微镜使用步骤如下：

① 先俯身侧视，调节粗调旋钮使物镜的前透镜与载玻片之间的距离略小于该物镜的工作距离。然后，从目镜中观察视野，同时旋动粗调旋钮使镜筒缓慢远离载玻片，待初见物象，即改用微调旋钮调至物象最清晰。

② 从低倍物镜换用高倍物镜。如果是原配物镜系统，所用载玻片及盖玻片也符合标准（其厚度，前者为1.0~1.1mm，后者不超过0.15mm），可直接将高倍镜旋入光轴，再用微调旋钮稍加调节即可。否则，应旋动粗调旋钮将物镜远离载玻片，转换高倍镜，然后按步骤①重新调焦。

③ 油镜的使用操作：步骤②中可直接将高倍镜旋入光轴时，将低倍物镜旋出，在旋入油镜前在载玻片上加一滴香柏油，再旋入油镜。步骤②中不可直接将高倍镜旋入光轴时，先将物镜远离载玻片，在载玻片上加一滴香柏油，然后按步骤①重新调焦。

油镜用完后，要及时清理香柏油。先用干净的擦镜纸擦拭1~2次，再用滴有二甲苯或乙醇-乙醚混合液（乙醇与乙醚体积比为4：1的擦镜纸擦两次，最后，再用干净的擦镜纸擦干。

2）维护保养

显微镜是精密仪器，使用保管时需要注意以下事项：

① 显微镜使用环境要保持干燥，必要时放置干燥剂。

② 远离粉尘，使用完毕应加盖防尘罩。不可阳光直晒。

③ 搬动仪器时，抓握稳固的主体支架进行移动，小心轻放。

④ 使用时不得接触强酸、强碱等腐蚀性物品。观察液体标本时，一定要有盖玻片。

⑤ 转动物镜时应通过物镜转盘，不可拉扯物镜。

⑥ 镜片上有油渍、污物或指痕，可用脱脂棉签蘸少量乙醇-乙醚混合液（乙醇-乙醚体

积比为 4∶1）擦拭。

（3）培养箱

培养箱是为微生物生长提供稳定的生长温度的设备。根据加热方式不同，可以分为：隔水式培养箱、电热恒温培养箱。隔水式培养箱温度波动比较小，常用于温控要求较高的实验。电热恒温培养箱温度波动比较大，其结构与普通的干燥箱大致相同，只是因为使用温度在 60℃ 以下，所以它的温控系统较为精密。一般采用高稳定性热敏电阻作感温元件，以温度控制器来控制温度。培养箱必须经过校准符合后才能使用。校准报告需要有温度波动数据，温度波动符合检测要求。如耐热大肠菌群检测培养温度 44.5±0.5℃，培养箱温度波动应≤0.5℃。

根据检测项目对温度波动的要求，监控培养箱温度。常规的做法可在箱体内放一支经过校准的温度计监控温度，并且每天记录温度计温度。温度计感温部位可以浸入装水的试管内，以减少读数时温度波动。试管口用硅胶塞密封以防止水分蒸发。

保持箱体内外的清洁，定期消毒。定期检查隔水式培养箱水位，及时补水并记录。

（4）超净工作台

超净工作台又称净化工作台。采用高效过滤器，将过滤后的空气以垂直或水平气流的状态送出，使操作区域达到百级洁净度，以满足操作环境要求。使用前后均需要紫外灯灭菌 30min。

（5）生物安全柜

生物安全柜是指具备气流控制及高效空气过滤装置的操作柜。使用生物安全柜可有效降低实验过程中产生的有害气溶胶对操作者和环境的危害。可能产生有害气溶胶的微生物操作有：

1）对培养基平板划线接种。

2）转接种阳性培养物进行复发酵。

3）对感染性物质进行稀释及涡旋振荡。

生物安全柜要经常清洁，使用前后都要开紫外灯消毒。

（6）冰箱

每天检查并记录冰箱温度，早、晚各 1 次。每月清洁一次，必要时应除霜。储存在冰箱内的所有物品要标注名称和日期。每季整理冰箱内容物一次，取出存放过久和无用的物品。除非有防爆措施，否则冰箱内不能放置易燃易爆物品。

（7）紫外杀菌灯

每月用浸湿乙醇的软布擦拭一次。定期用紫外线照度仪检查紫外灯灭菌强度，不符合要求时及时更换。

（8）滤膜

微生物实验常用孔径为 0.45um 的醋酸纤维滤膜，主要用于截留细菌。滤膜需装在金属盒子灭菌后使用。

（9）接种环和接种针

1）接种环和接种针长 5～6cm，应使用硬度适中的镍铬合金制备。

2）接种环的环部应为圆形，直径 3mm，无缝隙，在液面轻沾溶液时可形成满环。可以选择使用一次性接种环。

3）接种针应挺直，尖端无钩。

（10）温度计

温度计主要用于测量环境或设备的温度。需要用温度计监控温度的设备有：培养箱、冰箱和恒温水浴。要根据需测量的温度选择合适量程的温度计。

（11）移液枪

移液枪可以替代刻度吸管用于吸取样品。使用移液枪可以提高工作效率，减少人员接触样品的概率。使用移液枪应注意定期灭菌和校准。

（12）纯水

微生物检验用水的纯度应符合《分析实验用水规格和试验方法》GB/T 6682 里的三级水标准，建议使用蒸馏水。

（13）抽滤装置

抽滤装置是装载滤膜用于过滤样品的设备。一般选用不锈钢材质，滤杯也可选用塑料材质。微生物检测时，每个样品过滤前都要对滤头、滤杯进行消毒灭菌。滤头和不锈钢滤杯常用火焰喷枪或酒精棉花火焰消毒，塑料滤杯常用湿热灭菌。

（14）藻类计数框或血球计数板

藻类计数框或血球计数板是藻类计数的定量工具。使用后要及时清洗，并用纯水冲洗干净，晾干待用。防止污渍粘附影响后期检测。

（15）培养基

培养基是指供给微生物生长繁殖的，由不同营养物质组合配制而成的营养基质。可以根据标准检验方法自己配制，也可以购买商品培养基直接使用。

培养基库存的数量要适当，注意保质期。放置在阴凉干燥处避光保存。启用过的培养基要尽快用完，每次用后均应密塞。经常检查，将结块、变色或显示有其他变质情况的培养基弃去。

商品培养基压力蒸汽灭菌条件参照说明书，自配培养基和其他材料的压力蒸汽灭菌条件参照表 3-4。

压力蒸汽灭菌的温度和时间　　　　　　　　　　　　　表 3-4

材　料	温度（℃）	时间（min）
滤膜、吸收垫	121	10
过滤滤杯、空采样瓶	121	20
普通培养基、稀释水	121	20
含糖培养基（如乳糖蛋白胨培养液、葡萄糖缓冲液等）	115	20
微生物污染的材料、待废弃的细菌培养物	121	30

灭菌后应及时将培养基取出，以免持续受热影响培养基质量。不耐压力蒸汽灭菌的溶液或培养基可用滤膜法除菌。滤膜应是 $0.22\mu m$ 孔径的。灭菌后的培养基应澄清、无沉淀。随机抽样培养后，液体培养基不得生长菌膜，固体培养基应无菌落。加入阳性菌株培养后，应该呈阳性。加入阴性菌株培养后，应该呈阴性。配制培养基要做好记录。登记培养基名称、配制日期、批次、配制方法、灭菌温度和时间、灭菌前后 pH 值、阴性与阳性菌种生长评估试验结果、保存条件等内容，并由配制人签名。

无菌、已凝固的营养琼脂培养基使用前应先在沸水浴中融解，然后放在 47±2℃恒温水浴中保温待用，保温不超过 4 小时。平板中培养基的厚度约为 4mm（90mm 直径的平皿通常要加入 15mL 营养琼脂培养基）。

（16）菌种

按照微生物检测的需要，向国家相关微生物菌种保存中心（库、所）购买有证菌种（含原虫卵囊、孢囊）。

微生物菌种通常以固体斜面菌落形式保存于冰箱（2～8℃）。保存的菌种应有明显标识，标明菌种种类、接种日期、传代代数等信息。有潜在危害的菌种应加锁专人保管。

斜面菌种应定期传代。可以挑取单菌落接种于新制斜面培养基，培养成新的菌落保存。需大量传代的，使用液体扩增培养。菌种传代或扩增后，应进行性状确认。确认试验包括镜检观察、生化试验、标准菌株比对等。保存没有杂菌且通过确认试验的菌落。

菌种使用时，以无菌操作挑取少量细胞用于接种或活化。剩余斜面继续保存。

超过保存期或被污染的菌种应废弃处理。废弃前应该用压力蒸汽灭菌器 121℃，20min 处理。

要以记录形式管理菌种。菌种管理记录应包含：菌种的来源、接种日期、培养基、培养条件、保存条件、传代次数、性状确认的内容与结果、使用日期、处置日期、管理和领用人员等内容。

3. 微生物检测基本操作

（1）消毒和灭菌

微生物实验室检测的环境和器具要通过消毒或灭菌处理。根据不同要求和器具材质，选用不同的消毒灭菌方式。常用的消毒灭菌方式及适用范围如下：

1）干热灭菌（常用烘箱 160℃，2 小时）：适用于玻璃采样瓶、培养皿等玻璃器具、不锈钢器具等。

2）灼烧灭菌（用火焰直接灼烧器具表面）：适用于可以直接灼烧的器具，如不锈钢漏斗、接种环、试管口等。

3）湿热灭菌（常用灭菌锅 115～121℃，15～20min）：适用于塑料滤杯、移液枪枪头等不能用干热灭菌的物品。湿热灭菌时应包裹牛皮纸，灭菌后应及时烘干存放。

4）间歇灭菌（将需要灭菌的物品放在纯水中加热至 100℃，保持 15～30min。冷却过夜后，再加热至 100℃，保持 15～30min。一共加热 3 次）：适用于滤膜等。

5）化学试剂消毒（常用消毒剂：75％酒精、环氧乙烷等）：适用于器具表面消毒。

（2）接种

根据检测需求，增加或减少样品接种体积。减少样品接种体积常用到稀释操作：以无菌操作吸取 1mL 充分混匀的水样，注入盛有 9mL 无菌水的试管中，混匀成 1∶10 稀释液。吸取 1∶10 的稀释液 1mL 注入盛有 9mL 无菌水的试管中，混匀成 1∶100 稀释液。按同法依次稀释成 1∶1000，1∶10000 稀释液等备用。每递增稀释一次，必须更换一支无菌吸管或移液枪枪头。

根据检测需求，选择合适体积的样品原液或稀释过的样品进行接种操作。如果样品接入的是液体培养基、琼脂培养基，则只要以无菌操作的方式将样品与相应的培养基混匀即可。如果样品要过滤富集处理，则只要将富集处理后的滤膜贴紧在目标培养基上，两者间不留气泡。

（3）培养

根据检测标准，将接种好样品的培养基放在规定温度的培养箱里培养，监测并记录培养温度和培养时间。按时终止培养，记录检测数据。

（4）分离培养

通过划线分离操作，将需要进行确认试验的培养物接种到选择性琼脂培养基上。

划线分离操作：以无菌接种环沾取少量待分离样品，在分离平板进行平行划线或连续划线，微生物细胞数量随着划线次数的增加而逐步减少。划线的目的是在平板上得到单个菌落。

（5）复发酵

以无菌操作的方式，用无菌接种环将需要进行复发酵的培养物转接种到复发酵培养基中。每次转接种都要用新的无菌接种环或经过灼烧处理后冷却的接种环。

（6）革兰氏染色

革兰氏染色法可将细菌分为革兰氏阳性菌和革兰氏阴性菌两大类。其分类依据是细菌的细胞壁结构和成分不同。通过结晶紫初染和碘液媒染后，在细胞壁内形成了不溶于水的结晶紫与碘的复合物。革兰氏阳性菌由于其细胞壁较厚、肽聚糖网层次较多且交联致密，故遇乙醇脱色处理时，因失水反而使网孔缩小，再加上它不含类脂，故乙醇处理不会出现缝隙，因此能把结晶紫与碘复合物牢牢留在壁内，使其仍呈紫色；而革兰氏阴性菌因其细胞壁薄、外膜层类脂含量高、肽聚糖层薄且交联度差，在遇脱色剂后，以类脂为主的外膜迅速溶解，薄而松散的肽聚糖网不能阻挡结晶紫与碘复合物的溶出，因此通过乙醇脱色后呈无色，再经沙黄等红色染料复染，就使革兰氏阴性菌呈红色。具体操作如下：

1）用接种环挑取特征菌落在载玻片上涂片。

2）将涂有细菌的载玻片在火焰上过一下以固定细胞。

3）滴加结晶紫染色液，染 1min，水洗，沥干。

4）滴加革兰氏碘液，作用 1min，水洗，沥干。

5）滴加脱色剂，摇动玻片，作用 30s，水洗，沥干。

6）滴加复染剂，复染 1min，水洗，晾干，然后镜检。

4. 其他生物分析

（1）贾第鞭毛虫和隐孢子虫

1）定义

贾第鞭毛虫（Giardia lamblia）和隐孢子虫（Cryptosporidium）是一类寄生于人和动物体内的肠道原虫（以下简称"两虫"），会引起人类腹泻疾病，是最常见的非病毒性传染病之一，其发病率在因寄生虫所导致的腹泻中排名最高。水环境中贾第鞭毛虫和隐孢子虫污染是普遍的，尤其是当地表水受生活污水或农业污水污染的情况下更为严重。贾第鞭毛虫孢囊和隐孢子虫卵囊的污染成为了倍受关注的介水传播生物危险因素之一。

2）检测方法

目前比较先进的"两虫"检测手段主要有免疫磁分离法、密度梯度离心法、聚合酶链反应、反转录 PCR、嵌套 PCR 及流式细胞技术等。免疫磁分离法对水中"两虫"的检测已经成为目前国际上通用的标准方法。采用滤囊（滤芯）过滤、振荡洗脱、离心浓缩、免疫磁珠分离、荧光染色和微分干涉相衬镜检计数等技术检测水体中贾第鞭毛虫孢囊和隐孢子虫卵囊。

免疫磁分离法主要有 Envirochek 法和 Filta-Max Xpress 法两种。主要区别在于过滤—洗脱环节，Envirochek 法使用手动淘洗操作，Filta-Max Xpress 法使用自动淘洗装置。

3）免疫磁分离法检测操作步骤简介

① 采样

因水样中的卵囊数量很少，因此需要浓缩大体积水样，采样的体积取决于水样的类型：一般原水体积 20L，处理后的饮用水采样 100L。

样品富集可现场采集样品后运回实验室进行富集，也可现场进行富集操作。

② 淘洗和浓缩

Envirochek 法和 Filta-Max Xpress 法的淘洗方式不同，区别在于其自动化程度，淘洗和浓缩的主要步骤如图 3-9 所示。

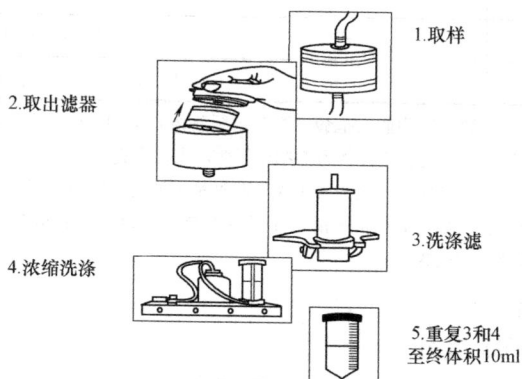

图 3-9 淘洗和浓缩的过程图

③ 磁分离

磁分离的原理是基于免疫磁珠对"两虫"虫卵的有效捕捉，并通过磁极对捕捉虫卵的磁珠进行分离。分离过程如图 3-10 所示。

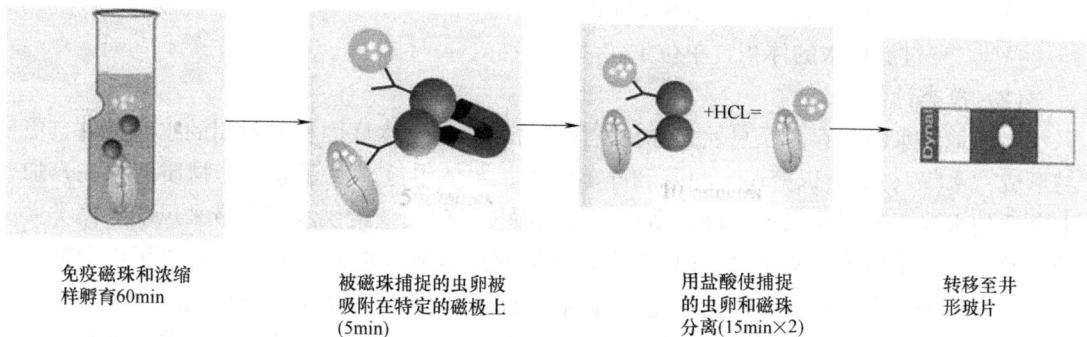

图 3-10 磁分离的过程图

④ 染色镜检

使用以下三种染色镜检方式确定水样中是否含有卵囊或孢囊的存在。

a. 免疫荧光染色镜检（FA）。

b. DAPI 染色镜检。

c. 相差干涉显微镜（Differential Interference Contrast，DIC）检测。

贾第鞭毛虫的孢囊是椭圆形的。它们的长度为 $8\sim14\mu m$，宽度为 $7\sim10\mu m$。孢囊壁会发出苹果绿的荧光。在紫外光下，DAPI 阳性孢囊会出现四个亮蓝色的核。

隐孢子虫的卵囊为稍微椭圆的原形。它们的直径为 $2\sim6\mu m$。卵囊壁会发出苹果绿的荧光。在紫外光下，DAPI 阳性卵囊会出现四个亮蓝色的核。见表 3-5。

贾第鞭毛虫孢囊与隐孢子虫卵囊的特征　　　　　　　　　　表 3-5

标　准	重　要　性	备　注
染了绿色的膜	+++	染色的强度是容易变的
大小	+++	
膜与细胞质的对照	++	膜的荧光强些
形状	++	贾第鞭毛虫：卵圆形　隐孢虫：球形
孢囊壁的完整性	+	孢囊会失去形状

注1：DAPI 染色是为了帮助计数，因为假的孢囊（亮苹果绿物体）呈 DAPI 阴性（无四个天蓝色核，只有亮蓝色包浆），出现 4 个亮蓝核和亮蓝色包浆为 DAPI 阳性，为真孢囊。

2：DIC 装置用于了解孢囊的内在结构，当荧光和 DAPI 两种都不清楚的时候可以使用 DIC 装置。

3：如结构清除，有助于真孢囊记数，如结构不清楚而只有苹果荧光时，可能是空的孢囊，或带有无定形结构的孢囊，亦可能是有内部结构的孢囊。

⑤ 结果的计算、报告

每升样本中的孢（卵）囊数：

$$Y=\frac{X \cdot V}{V_1 \cdot V_2} \tag{3-42}$$

式中：Y——每升水中孢囊或卵囊的数目；

X——计数样本的体积中孢囊或卵囊的数目；

V——离心后再悬浮的体积，单位为 mL；

V_1——计数样本的体积，单位为 mL；

V_2——过滤后水的体积，单位 L。

（2）藻类计数

浙江地区水源在春夏及夏秋之际易发藻类爆发情况，水库因相对封闭的水文条件，更易形成"水华"，藻类以蓝藻、绿藻和硅藻为主。水体中氮、磷等富营养物质的存在，加上合适的水温、光照和水流条件，造成藻类的爆发式生长，给供水安全带来风险。藻类大量繁殖，导致水源溶解氧下降，pH 升高，易堵塞滤池造成水处理困难。藻类死亡会释放致臭物质，藻毒素等物质；藻类也是消毒副产物的前驱物，带来水质安全问题。

因此藻类的监测分析对水处理和水质安全都起着非常重要的作用。目前藻类生物学检验常用就是计数法和叶绿素 a 检测。叶绿素 a 是间接衡量指标，不能直接反应水体中藻类的数量和种类情况，且操作较为繁琐，因此水厂可使用计数法作为日常监测藻类的检测方法。一般采用显微镜计数法。

1）鲁哥氏碘液固定沉降法，即用鲁哥氏碘液（6g KI＋4g I_2/100mL 蒸馏水）固定样品（加量为水样量的 1.5%），自然沉降 24～48h。吸除上清液以浓缩样品，混匀后用显微镜观察分类和计数。

2）离心法，实际生产过程，需要观察活体藻细胞形态并尽快得到检测数据，以便指导生产。可以用离心法，即不加鲁哥氏碘液，直接用离心机离心（离心条件可选择：离心力 1kg，20min）沉降样品。吸除上清液以浓缩样品，混匀后用显微镜观察分类和计数。

常用的藻类定量工具是藻类计数框、血球计数板。

3）藻类计数检测注意事项：

① 样品采集和保存应使用清洁的瓶子，尽快检测。短期保存（10d）可以用 1.0～1.5%鲁哥氏碘液固定，长期保存（1 年）还要加入 4%福尔马林溶液。

② 浓缩体积可以根据样品中藻类含量多少进行调整，便于视野观察。

③ 浓缩上清液的吸除，可采用虹吸方式，并用筛布包裹吸水一端。

④ 藻类计数可用细胞或个体进行计数。

⑤ 藻类种类多，分类比较复杂，需检测人员的经验积累。可收集并建立适合当地水源地的藻类图库，以便于对照比较分析。

第六节　需矾量和加氯量

1. 需矾量

需矾量就是对单位原水投加混凝剂的适宜量，一般指混凝沉淀后使水质达到既定目的（如浑浊度）的投加量。需矾量不是一个固定的值，水温、pH、水中杂质成分、水力条件、水质目标要求等因素都会影响需矾量的大小。水处理中常通过烧杯试验来分析确定需矾量。

（1）原理

原水通过投加不同量的混凝剂后，经过搅拌混合反应静置一定时间后，测定既定的指标是否达到预定目标，最常采用测定上清液的浑浊度，确定该原水混凝剂的合适投加量。

（2）主要设备和试剂

1）多联搅拌器；2）1000mL 高脚烧杯（圆形、方形）；3）混凝剂溶液；4）浑浊度仪等检测设备；5）刻度管等玻璃器具。

（3）操作步骤

1）根据试验目的选择烧杯数目（一般一批不少于 4 个），各量取 1000mL 水样放入烧杯中。然后把搅拌桨片放入水中，桨片轴心与烧杯中心对准，桨片与烧杯壁之间要有足够的间隙。

2）把配好的混凝剂溶液按投加量装入加药试管中，用蒸馏水将试管内药剂稀释成等体积，一般 10mL，加入前摇匀。

3）按预定的混合和絮凝速度梯度 G 和时间 T，分别设定各段的转速和相应的搅拌时间，日常一般根据现有的生产工艺设定。絮凝阶段 G 值应逐时递减。一般混合阶段的 G 值一般为 $1000～500s^{-1}$，时间 10～30s；絮凝阶段 G 值一般为 $100～20s^{-1}$，时间 5～20min。观察絮体生成的初始时间、速率和大小。

4) 停止搅拌后，把搅拌桨从水中提出来，观察絮体的沉降，记录大部分絮体沉降所需的时间。

5) 为防止取样口内的存水对水质检验结果的影响，建议取样前先排掉少量水样。然后再取样检验。

6) 绘制混凝剂投加量某指标结果的工作曲线图：一般以混凝剂投加量为横坐标，浑浊度或其他需要的指标为纵坐标，绘制关系图。从绘制的图表查出浑浊度或其他指标的期望值所对应的混凝剂投加量即是需矾量。

2. 加氯量

水中加氯量，可以分为两部分，即需氯量和余氯。需氯量指用于灭活水中微生物、氧化有机物和还原性物质等所消耗的部分。为了抑制水中残余病原微生物的再度繁殖，管网中尚需维持少量剩余氯。

(1) 原理

水中能消耗氯的物质很多，氯和耗氯的物质的作用极为复杂。水的需氯量并非是一固定值，随加氯量、水温、接触时间和 pH 值等因素而变。加氯量试验是在水中加入不同量的氯，经一定接触时间后，测定剩余氯，以求出原水的加氯量。

(2) 主要设备与试剂

1) 250mL 具塞锥形瓶；2) 便携式余氯仪或余氯标准色系；3) 消毒剂溶液（氯水、次氯酸钠溶液等）：配制成约 1% 有效氯的溶液，标定后稀释成 0.1mg/mL 有效氯的标准溶液，现配现用。

(3) 操作步骤

1) 取 4～6 个 250mL 具塞三角瓶。分别加入 100mL 水样（如同时做微生物检验等，可用容量较大的灭菌玻璃瓶）。

2) 用滴定管分别在水样中按次序加入一定量的有效氯标准溶液，塞好玻璃塞，摇匀，放于暗处。记录水温和时间。

3) 适当接触时间后（按生产实际需要选择，如 30min 和 120min），取水样测定余氯。

4) 以余氯值为纵坐标，以加氯量为横坐标，绘制曲线，从曲线上查出一定余氯量时的加氯量。

(4) 注意事项

1) 试验水样可根据生产需要选择加氯工艺段的水样，如原水、滤后水等。

2) 水样中还原性无机物、氨、氰化物以及许多能与氯反应的有机物对测定有干扰。

3) 测定余氯时，考虑水中的氨氮情况，根据需要测定游离氯或总氯。

4) 根据微生物灭菌效果来分析确定加氯量时，用于检验微生物的水样时应加硫代硫酸钠脱氯。

第四章

仪器分析

第一节 光 谱 分 析

以光的吸收、发射等作用而建立的分析方法称为光谱分析法。根据光谱产生机理的不同，光谱分析法可分为原子光谱和分子光谱。由原子产生的光谱称为原子光谱，由分子产生的光谱称为分子光谱。物质的原子光谱依其获得方式的不同，又可分为吸收光谱、荧光光谱和发射光谱。

1. 原子吸收光谱法

（1）方法原理

原子吸收光谱法（AAS）也称原子吸收分光光度法，它是根据物质的基态原子蒸气对特征辐射的吸收作用来进行元素定量分析的方法。

由光源发射出某种元素特定波长的光，通过该元素的原子蒸气时，其辐射能被原子蒸气中的基态原子吸收，吸收的程度与蒸气中基态原子的数目成正比。通过测量辐射能的减弱程度，从而得出试样中元素的含量。其定量依据是光吸收定律，即朗伯-比尔定律。

原子吸收光谱法首先需要将被测定的元素原子化，根据原子化方式不同，可分为火焰原子吸收光谱法和石墨炉原子吸收光谱法。

（2）原子吸收光谱法的特点

1）灵敏度高，检出限低：火焰原子吸收法检出限可达 ng/mL 数量级，石墨炉原子吸收法可达 $10^{-14} \sim 10^{-10} g$。

2）测量精密度好：火焰法测定结果相对标准偏差小于 1%，石墨炉法一般在 $3\% \sim 5\%$。

3）选择性好，干扰小。

4）分析速度快，应用范围广。

5）仪器比较简单，操作方便，价格合适，一般实验室都可配备。

（3）原子吸收分光光度计的结构

原子吸收分光光度计主要由锐线光源、原子化器、分光系统、检测系统四部分组成，如图 4-1 所示。

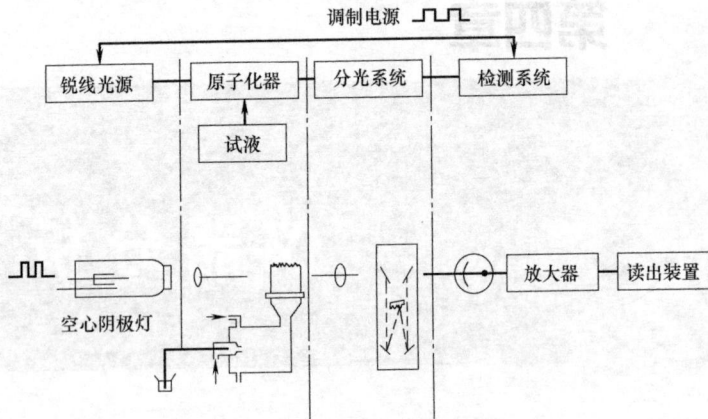

图 4-1　原子吸收分光光度计的结构

1) 锐线光源

锐线光源的作用是发射谱线宽度很窄的元素共振线。锐线光源要求辐射强度大、稳定性好、背景小、寿命长、操作方便。最常用的锐线光源是空心阴极灯。空心阴极灯的供电电压一般为 $300 \sim 500V$，灯电流为 $1 \sim 20mA$。工作中应该选择适当的灯电流：灯电流太小，响应信号低，灵敏度不够；灯电流太高，会使阴极溅射过大，放电不稳，信噪比严重下降，灯的寿命缩短。

2) 原子化器

原子化器的作用是将试样蒸发并使待测元素转化为基态原子蒸汽。根据原子化方式的不同，常用的有火焰原子化器和石墨炉原子化器。

火焰原子化器由雾化器、雾化室、供气系统和燃烧器四部分组成。燃气和助燃气种类不同，火焰的最高温度也不同。最常用的是乙炔—空气火焰，它的最高火焰温度约为 2600K，能为 35 种以上元素充分原子化提供最适宜的温度。火焰原子化的能力不仅取决于火焰温度，还与火焰的氧化还原性有关。火焰的氧化还原性取决于燃气和助燃气的流量比例，根据燃助比的不同，乙炔—空气火焰可分为三种，如表 4-1 所示。

乙炔—空气火焰的种类　　　　　　　　　　表 4-1

火焰类型	燃助比	火焰的性质	火焰状态	应用范围
富燃火焰	约 1:3	还原性	层次模糊 呈亮黄色	易氧化而形成难解离氧化物的元素如 Al、Ba、Cr、Mo 等
化学计量火焰	约 1:4	中性	层次清楚 蓝色透明	大多数元素皆适用
贫燃火焰	约 1:6	氧化性	火焰发暗 亮度缩小	碱金属和不易氧化的元素如 Ag、Au、Pd 等

石墨炉原子化器由炉体、石墨管和电、水、气供给系统三部分组成。石墨炉采用斜坡程序升温，将试样干燥、灰化、原子化和除残四个过程分步进行。其优点是试样用量少，原子化效率几乎达到 100%，基态原子在吸收区停留时间长，约 $10^{-1}s$，因此其绝对灵敏度极高。

3）分光系统

原子吸收分光光度计的分光系统可分为两部分，即外光路和单色器。外光路也称为照明系统，由锐线光源和两个透镜组成，它的作用是使锐线光源辐射的共振发射线能正确地通过或聚焦于原子化区，并把透过光聚焦于单色器的入射狭缝。单色器包括入射狭缝、光栅、凹面反射镜和出射狭缝。它的主要作用是将待测元素的吸收线与邻近谱线分开。

4）检测系统

检测系统包括光电倍增管、检波放大器和读出装置。它的作用是将待测光信号转换成电信号，经过检波放大、数据处理后显示结果。

（4）原子吸收光谱法的干扰及其抑制

原子吸收光谱法分析中的干扰效应一般分为四类：物理干扰、化学干扰、电离干扰和光谱干扰。

1）物理干扰

物理干扰是由于试液和标准溶液的物理性质的差异，引起进样速度、进样量、雾化效率、原子化效率的变化所产生的干扰。为避免物理干扰，应配制与待测试样溶液相似组成的标准溶液，并在相同条件下进行测定。如试样组成不详，可采用标准加入法消除物理干扰。尽可能避免使用黏度大的硫酸、磷酸来处理试样，当试液浓度较高时，应适当稀释试液。

2）化学干扰

化学干扰是由于待测元素与共存组分发生化学反应，生成难挥发或难解离的化合物，使基态原子数目减少所产生的干扰。它是原子吸收光谱法分析中的主要干扰。在火焰及石墨炉原子化过程中，化学干扰的机理很复杂，消除或者抑制其化学干扰需要根据具体情况采取以下适当措施。

① 提高火焰温度。适当提高火焰温度使难挥发、难解离的化合物较完全基态原子化。对于某些难挥发、难解离的金属盐类、氧化物、氢氧化物，采用 $N_2O-C_2H_2$ 火焰，可提高原子化效率。

② 加入释放剂。加入释放剂与干扰元素生成更稳定或更难挥发的化合物，从而使被测元素从不含干扰元素的化合物中释放出来。最常用的释放剂有 $LaCl_3$、$Sr(NO_3)_2$ 等。

③ 加入保护剂。保护剂多数是有机络合物，它与被测定元素或干扰元素形成稳定的络合物，避免待测元素与干扰元素生成难挥发化合物。常用的保护剂有 EDTA、8-羟基喹啉、乙二醇等。

④ 加入基体改进剂。石墨炉原子吸收光谱法分析中，加入某些化学试剂，改变基体或改变被测定元素化合物的稳定性，避免化学干扰，这些化学试剂称为基体改进剂。如在测定铜时，加入基体改进剂硫脲，防止生成 $CuCl_2$，从而消除了氯化物对测定铜的干扰。

⑤ 化学分离法。应用化学方法将待测元素与干扰元素分离，不仅可以消除基体元素的干扰，还可以富集待测元素。常用的化学分离方法有萃取法、离子交换法和沉淀法等。

3）电离干扰

电离干扰是指某些易电离元素在火焰中产生电离，使基态原子数减少，降低了元素测定的灵敏度。碱金属、碱土金属的电离电位低于 6eV，电离干扰尤为显著。火焰温度越高，电离干扰越严重。采用低温火焰或在试液中加入过量的更易电离的元素化合物（消电离剂），能够有效地抑制待测元素的电离。在火焰温度下，消电离剂首先电离，产生大量的电子，抑制了被测定元素的电离。例如，测定钙时存在电离干扰，加入一定量消电离剂KCl 可以抑制钙的电离干扰。常用的消电离剂有 CsCl、KCl、NaCl 等。

4）光谱干扰

光谱干扰主要是谱线干扰和背景干扰两种。

① 谱线干扰是指单色器光谱通带内除了原子吸收分析线之外还进入的发射线的邻近线或者其他吸收线的干扰。通常是减小单色器的光谱通带宽度即狭缝宽度，提高仪器的分辨率，使元素的共振吸收线与干扰谱线完全分开。具体情况还可采用以下方法抑制光谱干扰，如降低灯电流，选择无干扰的其他吸收线，选择高纯度单元素的空心阴极灯，分离共存的干扰元素等方法。

② 背景干扰主要是指原子化过程中产生的分子吸收和固体微粒产生的光散射干扰效应。在实际工作中，火焰原子吸收光谱法分析多采用改变火焰类型、燃助比和调节火焰观测区高度来抑制元素背景干扰；在石墨炉原子吸收光谱法分析中，常选用适当基体改进剂，采用选择性挥发来降低背景干扰。

（5）原子吸收光谱法的定量分析

原子吸收光谱法定量分析最常用的是标准曲线法（又称"工作曲线法"）和标准加入法（又称"增量法"）。

1）标准曲线法

标准曲线法首先要配制一系列浓度不同的标准溶液，然后在相同条件下测定，以空白溶液调零吸收，测定标准系列溶液和试样溶液的吸光度，绘制 $A—C$ 标准曲线，再根据待测试样的吸光度，在标准曲线上求得试样中被测元素的含量。

标准曲线法简单、快速，适用于大批量组成简单和相似的试样分析，是最常用的定量分析方法。应用标准曲线法应注意以下几点：

① 标准系列的组成与待测定试样组成尽可能相似，配制标准系列时，应加入与试样相同的基体成分。在测定时应该进行背景校正。

② 保证试样浓度在 $A—C$ 标准曲线的直线范围内，吸光度在 $0.15～0.6$ 之间测量的准确度较高。通常根据被测元素的灵敏度来估计试样的合适浓度范围。

③ 在整个分析过程中，测定条件始终保持不变。若进样效率、火焰状态、石墨炉工作参数等稍有改变，都会使标准曲线的斜率发生变化。在大量试样测定过程中，应该经常用标准溶液校正仪器和检查测定条件。

2）标准加入法

当测定的元素含量很低时或者试样基体组成复杂、未知时，难以配制与试样基体组成相似的标准溶液，为了消除基体的影响，一般采用标准加入法进行定量分析，如测定涉水材料聚合氯化铝中的 Pb、Cd。

标准加入法是先等量量取待测试样若干份，其中一份不加入待测元素，其余各份试样中分别加入已知的不同量或者不同浓度的待测元素的标样或标准溶液，设不同加入量 C_s（增量）分别为 C_0、$2C_0$、$3C_0$、$4C_0$ 等，然后在选定条件下分别测定它们的吸光度 A，绘制吸光度 A 对被测元素加入量 C_s 的曲线。

如果试样中不含被测元素，在正确校正背景之后，曲线应该过原点；如果曲线不通过原点，说明含有被测元素，截距所相应的吸光度就是被测元素的贡献。外延曲线与横纵标相交，交点至原点的距离所对应的浓度 C_x，即为所求的被测元素的含量。这种计算方法称为作图法，也称直线外推法，如图 4-2 所示。

使用标准加入法时应注意以下几点：

① 标准加入法是建立在吸光度与浓度成正比的基础上，因此要求相应的标准曲线是一条过原点的直线，被测元素的浓度应在此线性范围内。

② 为了得到较为精准的外推结果，最少应采用四个点来制作外推曲线，且加入标准的量不能过高或者过低，否则直线斜率过大或过小均引起较大误差。一般使第一个加入量产生的吸收值约为试样原吸收值的一半较好。

③ 标准加入法可以消除基体效应带来的影响，但不能消除背景吸收的影响。

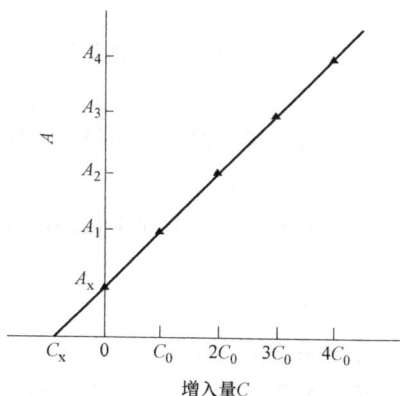

图 4-2　标准加入法

（6）原子吸收分光光度计的使用和维护

1）各种火焰的点燃和熄灭均应严格遵守以下规则："先开后关，后开先关"。

2）乙炔管道禁止与铜材料接触，防止生成乙炔铜，乙炔铜是一种引爆剂。管道连接应密封、牢靠，可在通气情况下，用肥皂水检查接点是否漏气，定期进行漏气检查。

3）喷雾器、雾化室和燃烧器的清洁程度会直接影响火焰的稳定性。通常分析完毕后应在火焰燃烧情况下喷入纯水数分钟进行清洗。燃烧器可卸下清洗；空心阴极灯应谨慎装卸，防止打碎，防止窗口沾污。如有沾污，可用擦镜纸擦擦，不能用滤纸等粗糙物擦擦。

4）测试溶液酸度一般不宜超过 5%，在能满足分析要求时，尽量降低酸度，以减少对仪器的腐蚀程度。

5）测定试样溶液中若含有有机试剂，应适当减少燃气流量，同时减少进样量，因为有机试剂在火焰中会燃烧。

6）在更换石墨管时，应先对石墨炉内部用无水乙醇进行擦洗，待无水乙醇充分挥发干净后才可继续后续步骤。

2. 原子荧光光谱法

（1）方法原理

原子荧光光谱法（AFS）是原子光谱法中的一个重要分支，是介于原子发射和原子吸收之间的光谱分析技术，它的基本原理是：特定的基态原子吸收合适的特定频率的辐射而被激发至高能态，而后激发过程中以光辐射的形式发射出特征波长的荧光，检测器测定原子发出的荧光而实现对元素测定的痕量分析方法。荧光强度与被测元素的浓度在一定条件下成正比，据此可以进行定量分析。

（2）原子荧光光谱法的应用

能产生原子荧光的元素约 20 多种，但目前能用氢化物发生-原子荧光法测定的元素只有 11 种：汞 Hg、砷 As、硒 Se、锑 Sb、铋 Bi、碲 Te、锡 Sn、锗 Ge、铅 Pb、锌 Zn、镉 Cd，检测浓度在 $\mu g/L$ 级。

（3）原子荧光光度计的结构

原子荧光光度计可分为非色散型原子荧光光度计和色散型原子荧光光度计两种，两者结构基本相似，差别在于单色器部分，也就是对生成的荧光是否进行分光。仪器主要包括：激发光源、原子化器、光学系统、检测器、氢化物发生器。

1）激发光源

可用连续光源或锐线光源作为激发光源。常用的连续光源是氙弧灯，常用的锐线光源是高强度空心阴极灯、无极放电灯、激光等。连续光源稳定，操作简便，寿命长，能用于多元素同时分析，但检出限较高。锐线光源辐射强度高，稳定，可得到更低的检出限。

2）原子化器

原子荧光光度计对原子化器的要求与原子吸收分光光度计基本相同，主要是原子化效率要高。

3）光学系统

光学系统的作用是充分利用激发光源的能量和接收有用的荧光信号，减少和除去杂散光。色散型原子荧光光度计的色散光学系统对分辨能力要求不高，但要求有较大的集光本领，常用的色散元件是光栅。非色散型原子荧光光度计采用滤光器来分离分析线和邻近谱线，降低背景。非色散系统的优点是照明立体角大，光谱通带宽，集光本领大，荧光信号强度大，仪器结构简单，操作方便，但缺点是散射光的影响大。

4）检测器

常用的检测器是光电倍增管，在多元素原子荧光分析仪中，也用光导摄像管、析像管作检测器。检测器与激发光束成直角配置，以避免激发光源对检测原子荧光信号的影响。

5）氢化物发生器

主要采用以下分析技术：

① 间断法技术：在发生器中加入分析溶液，通过电磁阀或其他方法控制 $NaBH_4$ 溶液的加入量，利用载气搅拌溶液以加速氢化反应，然后将生成的氢化物导入原子化器中。测定结束后将废液放出，洗净发生器，加入第二个样品如前述进行测定，由于整个操作是间断进行的，故称为间断法。该方法的优点是装置简单、灵敏度较高，缺点是液相干扰较严重。

② 连续流动法技术：连续流动法是将样品溶液和 $NaBH_4$ 溶液由蠕动泵以一定速度在管道中流动，并在混合器中混合，然后通过气液分离器将生成的气态氢化物导入原子化器，同时排出废液，采用这种方法所获得的是连续信号。该方法装置较简单，液相干扰少，易于实现自动化，缺点是样品及试剂的消耗量较大，清洗时间较长。

③ 断续流动法技术：仪器由微机控制，按下述步骤工作：第一步，蠕动泵转动一定的时间，样品被吸入并存贮在存样环中，但未进入混合器中，与此同时，$NaBH_4$ 溶液也被吸入相应的管道中；第二步，泵停止运转以便操作者将吸样管放入载流中；第三步，泵高速转动，载流迅速将样品带入混合器，使其与 $NaBH_4$ 溶液反应，所生成的氢化物经气液分离后进入原子化器。

④ 流动注射氢化物技术：流动注射氢化物发生技术是结合了连续流动和断续流动进样的特点，通过程序控制蠕动泵，将还原剂 $NaBH_4$ 溶液和载液 HCl 溶液注入反应器，又在连续流动进样法的基础上增加了存样环，样品溶液吸入后储存在取样环中，待清洗完成

后再将样品溶液注入反应器发生反应，然后通过载气将生成的氢化物送入石英原子化器进行测定。该技术是目前最常用的技术，在各类原子荧光光度计中得到广泛应用。

（4）原子荧光光谱法的定量分析

原子荧光光谱法的定量分析方法主要采用标准曲线法和标准加入法。

（5）原子荧光光度计的使用和维护

1）每次测试结束后要用纯水清洗进样系统及反应器。

2）元素灯不能长期放置不用，要每隔半个月上机使用一次。

3）仪器至少每隔半月待机预热半小时。

4）原子化器的石英炉芯要经常清洗。

5）关气前须先将蠕动泵管上压块松开。

3. 原子发射光谱法

（1）方法原理

原子发射光谱法（AES）是根据待测物质的气态原子或者离子受激发后所发射的特征光谱的波长及其强度来测定物质中元素组成和含量的分析方法。

原子发射光谱法的一般分析步骤如下：

1）在激发光源中，将被测物质蒸发、解离、电离、激发，产生光辐射。

2）将被测定物质发射的复合光经分光装置色散成光谱。

3）通过检测器检测被测定物质中元素光谱线的波长和强度，进行光谱定性和定量分析。

根据激发光源的不同，原子发射光谱有多种类型。目前常用到的激发光源有直流电弧、低压交流电弧、高压火花等激发光源，但使用最广泛的是电感耦合等离子体激发光源（ICP），其设备称为电感耦合等离子体发射光谱仪（ICP-AES）。

（2）电感耦合等离子体发射光谱仪的特点

1）灵敏度高：大多数元素的检出限为 $10^{-5} \sim 10^{-3} \mu g/mL$。

2）精密度高：精密度为 $\pm 1\%$ 左右。

3）线性范围广：线性范围可达 6 个数量级，可有效地用于高、中、低含量元素的测定。

4）选择性好：每一种元素都有其特征谱线，总有可供选用的分析线，只要选择合适的分析线，便可进行光谱分析。目前该分析方法可测定 70 多种元素。

5）分析效率高：能够同时进行多元素测定，效率显著提高。

（3）电感耦合等离子体发射光谱仪的结构

电感耦合等离子体发射光谱仪由电感耦合等离子体激发光源、分光系统和检测器三部分组成。

1）电感耦合等离子体激发光源

电感耦合等离子体激发光源（ICP）的主要作用是提供试样中被测元素蒸发解离、原子化和激发所需要的能量。ICP 是指高频电能通过感应线圈耦合到等离子体所得到的外观上类似火焰的高频放电光源。主要由三部分组成：高频发射器、工作气体（一般为氩气）及能维持气体稳定放电的三层同心石英矩管，其结构如图 4-3 所示。

ICP 具有激发温度高，灵敏度高，检出限低，基体效应小，自吸效应小，稳定性好等

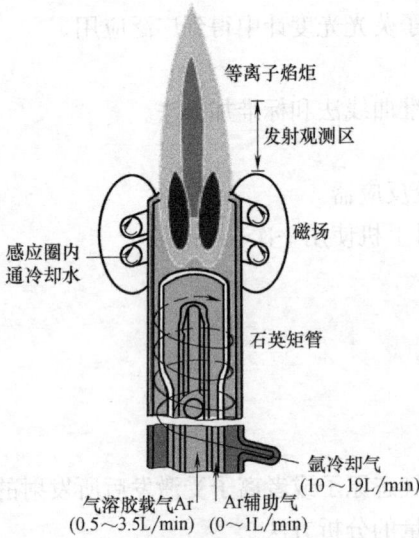

图 4-3　ICP 炬焰示意图

优点，是 AES 中最有前途和竞争力的光源之一。其不足之处为雾化效率低，对气体和一些非金属等测定的灵敏度低，固体进样问题尚待解决。此外，仪器价格较贵，等离子工作气体的费用较高。

2）分光系统

分光系统的作用是将激发试样所获得的复合光分解成按波长顺序排列的单色光。常用的分光元件分为棱镜和光栅两类。

3）检测器

检测器是用于检测元素的特征辐射，目前用于原子发射光谱的检测器主要有感光板、光电倍增管和图像检测器等。

（4）电感耦合等离子体发射光谱法的定性和定量分析

1）定性分析

每种元素都有其特征谱线，这是定性分析的依据。元素特征光谱中强度最大的谱线称为元素的灵敏线。根据原子发射光谱中各元素特征谱线的存在与否可以确定试样中是否含有相应的元素。在试样光谱中应检出该元素的灵敏线。

全谱直读型电感耦合等离子体发射光谱仪可以进行全波段扫描定性。

2）定量分析

发射光谱定量分析法主要是标准曲线法和标准加入法，同原子吸收光谱法定量分析方法类似。

（5）电感耦合等离子体发射光谱仪的使用和维护

1）一般需要安装在独立的房间内，对环境温湿度有一定的要求。

2）进样管和废液管长期使用后会变形或老化，需要定期更换。

3）炬管在工作时所达到的温度高达 10000K，点火前必须将 ICP 的舱门关严并锁紧，以防止炬管意外爆裂造成人员损伤。

4）雾化室需要定期用纯水或者加入表面活性剂的水进行清洗。

5）保证试样中没有固体颗粒，否则容易导致雾化器堵塞，若雾化器堵塞，可采用反吹方式疏通雾化器。

6）炬管、冷却锥、空气过滤网等都需要定期清洗。

7）氩气不纯会导致点火失败。

8）仪器开机前和关机后都要通够一定时间的氩气。

第二节　色 谱 分 析

1. 气相色谱法

气相色谱法（GC）主要应用于易挥发、化学性质稳定的化合物的分离分析，对于部分热不稳定或难以气化的物质，通过化学衍生化的方法，也可用气相色谱法分析。在水质分析检测中，卤代烃、苯系物、有机磷农药、丙烯酰胺等物质均可采用气相色谱法进行分析。

（1）方法原理

当载气把被分析的气态混合物带入装有固定相的色谱柱时，由于各组分的分子与固定相分子间发生吸附或溶解、离子交换等物理化学过程，使各组分的分子在载气和固定相两相间分配系数不一样，经反复多次分配，不同组分在色谱柱上移动速度不同，使得各组分得到完全分离。

（2）气相色谱法的特点

1）分离效能高：一般填充柱有几千块理论塔板，而毛细管柱理论塔板达 $10^3 \sim 10^6$，因而可分析沸点相近的组分和十分复杂的混合物。

2）选择性好：气相色谱法可以分离化学结构极为相近的化合物。如二甲苯的三种同分异构体（邻二甲苯、间二甲苯、对二甲苯），用其他方法分离相当困难，但用气相色谱法则比较容易。

3）灵敏度高：与气相色谱仪配用的高灵敏检测器最小检测量可达 $10^{-13} \sim 10^{-11}$ g 或更小，适合于微量有机物的分析。

4）分析速度快：一次色谱分析短则几秒钟，长则几分钟到几十分钟即可完成。

5）样品用量少：由于气相色谱灵敏度高，需要的样品极少，一般进样几微升即能完成多项目的分析。

但是气相色谱法的应用有其局限性。如只能测定单一物质的量，不能测定某些同类物的总量；在进行定性和定量分析时，需要被测物的标准品为对照，而标准品往往不易获得，这就给定性鉴定带来一定的困难。

（3）气相色谱仪的结构

气相色谱仪的结构主要包括气路系统、进样系统、分离系统、检测系统和数据处理系统五大部分，另外有专门的温度控制系统来控制和指示汽化室、柱温箱以及检测器的温度。如图 4-4 所示。

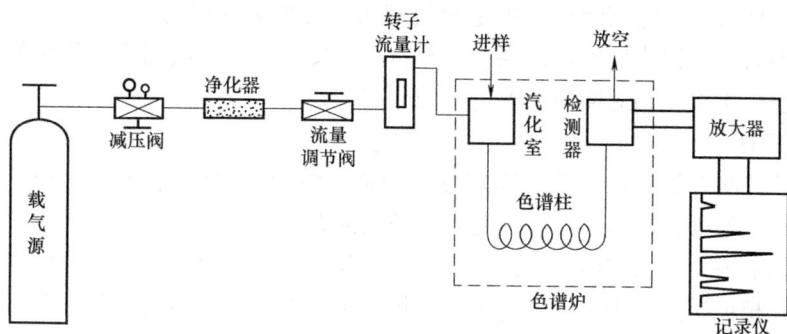

图 4-4　气相色谱仪的结构

1）气路系统

气路系统是一个载气连续运行的密闭管路系统，由载气、减压调节阀、净化干燥器、稳压阀、流量控制器、流量计等部件组成。气相色谱对载气的要求：惰性（不与样品或固定相发生化学反应），无腐蚀性；气体扩散小；容易得到并且易纯化；价格便宜；满足检测器的要求。常用的载气有氮气、氢气、氦气、氩气等。辅助气有氧气和空气。这些气体除了空气可用空压机供给外，一般都由高压钢瓶供给。载气的纯度最好在 99.999% 以上。

2）进样系统

进样系统包括进样器和汽化室，其作用是把试样快速而定量地加到色谱柱上端。进样过程中，进样量、进样速度和试样的汽化速度等均会影响色谱的分离效率以及分析结果的精密度和准确度。气相色谱的进样系统有分流/不分流进样、冷柱进样、程序升温汽化进样等，其中分流/不分流进样最为常见，其结构如图 4-5 所示。

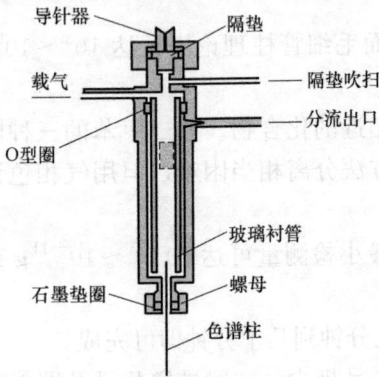

图 4-5　分流/不分流进样口的结构

① 隔垫。隔垫将样品流路与外部隔开，进样针插入时能保持系统内压，防止泄露，避免外部空气渗入，污染系统。隔垫一般由耐高温、惰性好、气密性好的硅橡胶制成。

② 衬管。衬管是进样系统重要的部件之一，多为玻璃或石英材料制成。衬管的作用是加速物质汽化，防止未汽化的杂质沾到加热器上，防止杂质进入色谱柱。衬管可分为不分流衬管、分流衬管和直接进样衬管等。

③ 分流/不分流进样。分流/不分流进样是气相色谱最常用的进样方式。其中分流进样最为普遍，操作简单，适用于大部分可挥发样品。在毛细管气相色谱法的方法开发过程中，如果对样品组分不清楚，一些相对"脏"的样品，应采用分流进样，因为分流进样时只有一小部分进入色谱柱，在很大程度上减少了柱污染。

3）分离系统

色谱柱是气相色谱仪的分离系统，试样各组分的分离在色谱柱中进行。色谱柱分为填充柱和毛细管柱两种。

① 填充柱

填充柱由柱管和固定相组成，固定相紧密而均匀地装在柱内。填充柱外形为 U 形或螺旋形，材料为不锈钢或玻璃，内径 2~4mm，柱长 1~6m。填充柱制备简单，但分离效率较低，一般用于组成相对简单的混合物的分离。

② 毛细管柱

毛细管柱又叫开管柱，通常将固定液均匀地涂渍或交联到内径 0.1~0.5mm 的毛细管内壁而制成。毛细管材料可以是不锈钢、玻璃或石英。

目前用作毛细管柱固定液的常用物质大约有几十种，其中聚硅氧烷类和聚乙二醇是最常用的。在气相色谱法应用中，固定液常以极性来分类。针对不同的分析对象选择不同极性的固定液，其原则是"极性相似相溶"，即对于非极性的样品采用非极性的固定液；极性样品采用极性固定液。

4）检测系统

气相色谱检测器是一种指示并测量载气中各组分及其浓度变化的装置。这种装置能将组分及其浓度变化以不同方式转换为易于测量的电信号。商品化的检测器有热导检测器、氢火焰检测器、电子捕获检测器、氮磷检测器、火焰光度检测器、质谱检测器等。

① 热导检测器（TCD）

热导检测器由于结构简单、灵敏度适中及对所有物质均有响应而被广泛采用。热导检测器是基于被分离组分与载气的热导率不同进行检测的。

② 氢火焰检测器（FID）

氢火焰检测器，结构简单，稳定性好，灵敏度高，在有机物分析中得到了广泛应用，如水质分析中的苯系物（苯、甲苯、二甲苯、乙苯、异丙苯等）就是用氢火焰检测器进行检测的。

③ 电子捕获检测器（ECD）

电子捕获检测器主要用于检测较高电负性的化合物，如含卤素、硫、磷的有机化合物。它可用于检测饮用水中微量的消毒副产物三氯甲烷、四氯化碳等。

④ 氮磷检测器（NPD）

氮磷检测器又称热离子检测器，多用于农药残留的分析，如水质分析中有机磷农药、有机氯农药检测。

⑤ 火焰光度检测器（FPD）

火焰光度检测器是一种对含硫、磷有机化合物具有高选择性和高灵敏度的质量型检测器。这种检测器可用于大气中痕量硫化物以及水中有机磷和有机硫农药残留量的测定。

⑥ 质谱检测器（MS）

质谱检测器可提供被分离各组分相对分子质量和有关结构信息，可确定未知物的化学组成及结构，进行定性定量分析。

5）数据处理系统

数据处理系统可采集数据、显示色谱图、进行数据结果分析等。包括记录仪、数字积分仪、色谱工作站等。现代色谱工作站是色谱仪专用计算机系统，还具有色谱操作条件选择、控制、优化乃至智能化等多种功能。

（4）气相色谱法的定性定量分析

色谱定性定量分析依赖于色谱图，如图 4-6 所示。色谱图的基本概念：

色谱图：一系列表示组分性质、含量信号—时间曲线就是色谱图。对于微分型的检测器，信号近似于正态分布曲线，色谱峰面积正比于组分含量。

基线：只有纯载气经过检测器时，记录仪所记录的检测器输出信号—时间曲线为基线。理论上是一直线，但在高灵敏度量程时，基线常有一定的噪声和漂移。

色谱峰：当载气带着样品组分经过检测器时，检测器输出的信号随时间变化的曲线为色谱峰。理想的色谱峰为正态分布函数，表示其峰形是对称的。

峰高：色谱峰的最高点到峰底（峰下面基线的延伸部分）的垂直距离，一般常用 h 表示。

半峰高宽度：峰高 1/2 处的宽度，$W_{1/2}$。

保留时间：组分从进入色谱柱时算起，到出现谱峰的最高点为止所需要的时间 t_R。

1）定性分析

① 保留时间定性

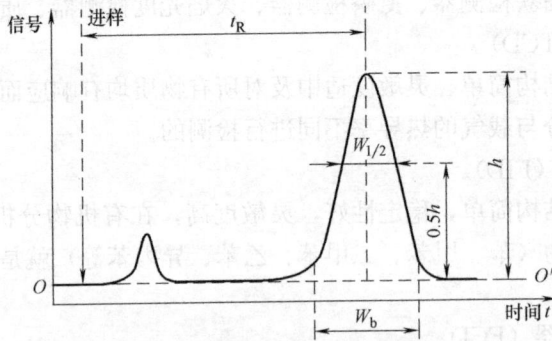

图 4-6　色谱图

t_R—保留时间；h—峰高；W_b—峰宽；$W_{1/2}$—半峰宽

在相同条件下测定纯物质和被测组分的保留时间，若两者保留时间相同，则可认为是同一物质。这种方法要求严格控制实验条件。

② 相对保留值定性

选取一种标准物，求得其与待测组分的纯物质之间的相对保留值，再通过实验求得其与待测组分间的相对保留值。若两次结果相等，则可认为试样中待测物与所用纯物质为同一物质。

③ 加入纯物质定性

先测定试样的谱图，再在试样中加入待定组分的纯物质，以相同条件做实验，若得出的谱图待测定组分的峰高增加而半峰宽不变，则说明纯物质与待定组分为同一物质。

2）定量分析

色谱法的定量依据是：检测器的响应信号与进入检测器的待测组分的质量（或浓度）成正比，即：

$$m_i = f_i A_i \tag{4-1}$$

式中：m_i——待测组分 i 的质量；

$\quad A_i$——待测组分 i 的峰面积；

$\quad f_i$——待测组分 i 的校正因子。

常用的色谱定量方法有校正面积归一化法、外标法、内标法。

① 校正面积归一化法

校正面积归一化法是色谱定量分析中常用的一种定量方法。归一化法的定量要求：试样中的组分全部流出色谱柱并显示色谱峰；由于各组分在检测器上的响应不同，不能用单一的峰面积的百分比表示各组分在样品中的含量，而要获得各组分的校正因子 f_i。

$$\text{组分 } i \text{ 的百分数} = \frac{f_i A_i}{\sum\limits_{i=1}^{n} f_i A_i} \times 100\% \tag{4-2}$$

式中：A_i——待测组分 i 的峰面积；

$\quad f_i$——待测组分 i 的校正因子；

n——样品谱图中峰的个数。

② 外标法（标准曲线法）

用待测组分的纯物质制作标准曲线。取纯物质配成一系列不同浓度的标准溶液，分别进样，测出峰高或峰面积，以待测物质的量为横坐标，以峰高或峰面积为纵坐标，做校准曲线。再在同一条件下测定样品，记录色谱图。根据峰高或峰面积从标准曲线上求出待测组分的含量。使用外标法时，色谱操作条件要严格控制不变，标样和试样的进样量要准确一致。也可采用单点校正法进行外标法定量。

③ 内标法

内标法是准确称取一定量的样品，然后加入准确量的内标物，根据色谱峰面积与组分的质量成正比，即 $m_i = f_i A_i$ 的关系，可得 $m_i/m_s = (f_i A_i)/(f_s A_s)$，则样品质量：

$$m_i = \frac{f_i}{f_s} \times \frac{A_i}{A_s} \times m_s = f_{is} \times \frac{A_i}{A_s} \times m_s \tag{4-3}$$

式中：f_i、f_s——i 组分和内标物的校正因子；

　　　　f_{is}——相对校正因子；

　　A_i、A_s——i 组分和内标物的峰面积；

　　m_i、m_s——组分和内标物的质量。

在用内标法做色谱定量分析时，通常先配制一定质量比的被测组分和内标样品的混合物做色谱分析，测量峰面积，做质量比和面积比的关系曲线，此曲线即为内标标准曲线。在实际样品分析时，样品中加入等量的内标物浓度，同时色谱条件尽可能和制作标准曲线时一致。

作为内标物的物质不能在原样品中存在，且不与样品中的组分发生化学反应。内标物在待测组分附近出峰，但又不出现合峰。内标法是色谱法定量中较为准确的一种方法，由于是通过测定峰面积比值来定量，在一定程度上消除了进样体积、操作条件等变化引起的误差。

（5）气相色谱仪的使用和维护

1）选用合格、高纯度（>99.999%）的气体作为载气；开机前检查钢瓶压力，调节气路压力恒定；定期更换净化干燥器。

2）隔垫组分的挥发是造成基线不稳和出现鬼峰的主要原因之一。因此，要根据分析的要求和样品适当地选择隔垫的材料。

3）隔垫有一定的使用寿命，注射达到一定的次数后应更换隔垫防止漏气。

4）衬管的内壁容易被未气化的杂质和进样隔垫碎渣所污染，会导致分析结果重复性差或出现鬼峰，应及时进行清洗和更换。

5）注意色谱柱的最高使用温度，使用时温度不能超过最高使用温度。

6）新柱子使用前或色谱柱柱效下降时，对色谱柱进行老化。

7）充分做好样品的前处理，不要使难挥发的组分进入色谱柱内。

2. 高效液相色谱法

高效液相色谱可对很多气相色谱法无法进行分析的物质进行分离检测，在化学、医药、卫生、食品等领域具有广泛的应用。在水质分析中，多环芳烃，微囊藻毒素，甲萘威、莠去津等化合物均采用高效液相色谱法检测。

（1）方法原理

高效液相色谱流程与气相色谱法相同，但高效液相色谱法以液体溶剂为流动相，并选用高压泵送液方式。溶质分子在色谱柱中，经固定相分离后被检测，最终达到定性定量分析的目的。

（2）高效液相色谱法的特点

1）分析速度快：通常分析一个样品在 15～30min，有些样品甚至在 5min 内即可完成。

2）选择性高：可选择固定相和流动相以达到最佳分离效果，可分析同类型的有机化合物及其同分异构体，还可以分析在性质上极为相似的手性化合物。

3）灵敏度高：紫外检测器可达 0.01ng，荧光和电化学检测器可达 0.1pg。

4）样品量少，容易回收：样品经过色谱柱后不被破坏，可以收集单一组分用做制备。

（3）高效液相色谱法与气相色谱法的区别

1）气相色谱法的分析对象只限于分析气体和沸点较低的化合物。对于占有机物总数近 80% 的高沸点、热稳定性差、摩尔系数大的物质，目前主要采用高效液相色谱法进行分离分析。

2）气相色谱的流动相采用的是惰性气体，它对组分没有亲和力，即不产生相互作用力，仅起运载作用。而高效液相色谱中流动相可选用不同极性的液体，它对组分可产生一定的亲和力。因此高效液相色谱的流动相对分离也起着巨大的作用。

（4）高效液相色谱分类

高效液相色谱分离机理多种多样，根据色谱固定相和色谱分离的物理化学原理或分离机理，主要有液-液分配色谱、液固吸附色谱、离子交换色谱、凝胶渗透色谱四种类型。

（5）高效液相色谱仪的结构

高效液相色谱仪由高压输液系统、进样系统、分离系统、检测系统和数据处理系统五大部分构成，如图 4-7 所示。

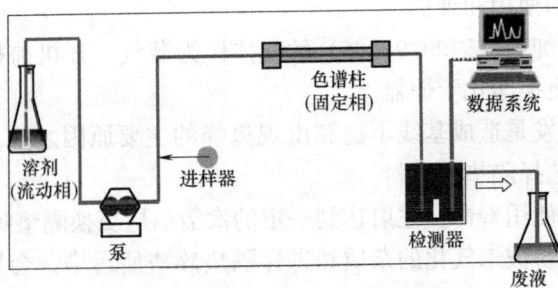

图 4-7　高效液相色谱仪的结构

1）高压输液系统

高压输液系统由流动相贮液器、高压输液泵及压力表等组成。高压输液泵是液相色谱仪的关键部件，它起着输送液体流动相的作用。泵的种类很多，按排液性质可分为恒压泵及恒流泵两大类。目前新型液相色谱仪大都采用柱塞往复泵。

2）进样系统

进样系统包括进样口、注射器和进样阀等。它的作用是将分析试样有效地送入色谱柱中进行分离。高效液相色谱的进样方式有注射器进样和阀进样两种。注射器进样操作简便，但不能承受高压、重现性较差。阀进样则是通过六通高压微量进样阀直接向压力系统内进样，每次进样通过定量环计量，具有较好的重复性。

3）分离系统

分离系统包括色谱柱及恒温炉箱。色谱柱是液相色谱的心脏部件。因为液相色谱压力较大，色谱柱的柱管材料通常为耐压能力较强的不锈钢金属。一般色谱柱长 5～30cm，内径为 4～5mm，凝胶色谱柱内径 3～12mm，制备柱内径较大，可达 25mm 以上。

恒温炉箱一般采取循环式空气恒温箱，控制精度为 0.1～0.5℃。

4）检测系统

高效液相色谱仪目前常用的检测器有两种类型：一是溶质型检测器，它仅对被分离组分的物理或化学特性有响应，属于这类检测器的有紫外、荧光、电化学检测器等；另一类是总体检测器，它对试样和洗脱液总的物理或化学性质有响应，属于这类检测器的有示差折光、蒸发光散射、电导检测器等。

① 紫外-可见吸光光度检测器（UV）

紫外检测器是一种通用型检测器，约有 80% 的分析样品具有紫外吸收，可以使用这种检测器检测。在水质检测中，微囊藻毒素、酚类、莠去津等化合物经液相分离后，是用紫外检测器进行检测的。

紫外检测器具有灵敏度高、线性范围广等优点，同时由于紫外吸收对温度、流动相组成和流速变化不敏感，紫外检测器可用作梯度洗脱。但是对于没有紫外吸收的物质，紫外检测器不能检测，另外选择的流动相应尽可能在检测波长下没有背景吸收。

② 荧光检测器（FP）

荧光检测器是一种测量溶质荧光强度的检测器。物质的分子或原子经光照射后，有些电子被激发至较高的能级，这些电子从高能级跃至低能级时，物质会发出比入射光波长较长的光，这种光称为荧光。荧光检测器就是在样品的激发波长处检测发射光的强弱，因此荧光检测器具有很高的选择性。

荧光检测器是目前高效液相色谱检测器中灵敏度最高的，其检测灵敏度比紫外检测器高约 2～3 个数量级，适用于痕量分析。但荧光检测器只适用于有荧光基团或衍生化之后有荧光基团的化合物，适用范围有一定的局限性。水质检测中，多环芳烃等物质由于具有荧光基团可直接检测，呋喃丹、草甘膦等化合物则是经柱后衍生化再用荧光检测器进行检测。

③ 示差折光检测器（RI）

示差折光检测器是一种通用型检测器，只要被测组分与洗脱液的折光指数有差别就可使用。它的通用性比紫外检测器广，但灵敏度要低，对温度变化敏感，并与梯度洗脱不相容，因而限制了它的使用。

5）数据处理系统

数据处理系统可对测试数据进行采集、贮存、显示、处理和打印等操作，使样品的分离、定性和定量工作能正确开展。

（6）高效液相色谱法的定性定量分析

高效液相色谱法和气相色谱法的定性、定量方法相同，主要通过保留时间定性，外标法、内标法等方法进行定量。

(7) 高效液相色谱仪的使用和维护

1) 流动相用 $0.22\mu m$ 或 $0.45\mu m$ 滤膜过滤后使用，防止固体微粒进入泵体磨损柱塞、单向阀等。

2) 流动相应该先脱气，以免在泵内产生气泡，影响流量的稳定性。

3) 泵工作时要留心，防止溶剂瓶内的流动相被用完而空转。

4) 液相色谱柱在使用前仔细阅读色谱柱附带的说明书，注意适用范围，如 pH 值范围、流动相要求等。

5) 含有盐类的流动相留在系统内，可能会析出盐的微细晶体磨损进样泵、堵塞色谱柱，必须先用水或低浓度甲醇水（如 5% 甲醇水溶液）冲洗，再换成适合的溶剂。

6) 长时间不用仪器，应该将柱子取下用堵头封好保存。

3. 离子色谱法

(1) 方法原理

离子色谱法（IC）是高效液相色谱法的一种，是利用被测物质的离子性进行分离和检测的液相色谱法。狭义而言，离子色谱法是以低交换容量的离子交换树脂为固定相，对离子性物质进行分离，用电导检测器连续检测流出物电导变化的一种色谱方法。

离子色谱法作为离子型化合物的分离分析技术，具有分析速度快、灵敏度高、选择性好、运行费用低等优点，在水中离子的检测中应用甚广，特别是对水中无机阴离子（如 Cl^-、F^-、NO_3^- 和 SO_4^{2-} 等）的检测分析。

(2) 分离机理

离子色谱对物质进行分离，其分离机理主要有离子交换、离子排斥和离子对作用三种。其中离子交换是阴离子和阳离子的典型分离方式。在色谱分离过程中，样品中的离子与流动相中对应离子进行交换。在一个短的时间内，样品离子会附着在固定相的固定电荷上。由于样品离子对固定相亲和力的不同，使得样品中多种组分的分离成为可能。

(3) 离子色谱仪的结构

离子色谱仪与高效液相色谱仪结构类似，由淋洗液输送系统、进样系统、离子分离系统、检测系统和数据采集记录五大系统组成，如图 4-8 所示。

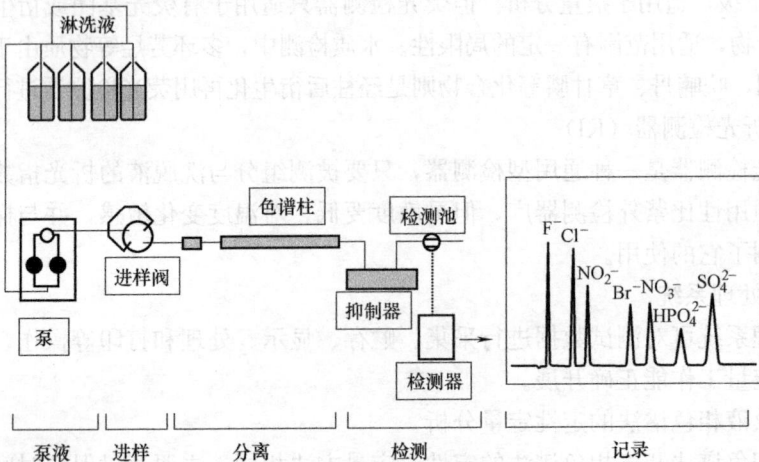

图 4-8　离子色谱仪的结构

与高效液相色谱仪不同的是，离子色谱使用的流动相一般是缓冲溶液或者含有少量的有机试剂，一般称为淋洗液。由于淋洗液中含有酸或碱，离子色谱仪的泵是全塑材料制作。离子色谱常用的检测器有电导检测器、电化学检测器和紫外-可见光检测器。电导检测器同时配有抑制器，抑制器是离子色谱仪的关键部件之一。

1）检测器

① 电导检测器

电导率是在阴极和阳极之间的离子化溶液传导电流的能力，溶液中的离子越多，在两电极间通过的电流越大。在低浓度时，电导率直接与溶液中导电性物质的浓度成正比。电导检测器是检测具有电导性化合物的通用型检测器，是离子色谱中最常用的检测器。

② 电化学检测器

电化学检测器，又称为安培检测器，是一种用于测量电活性分子在工作电极表面氧化或还原反应时所产生电流变化的检测器。常用于分析那些离解度低，用电导检测器难于检测或根本无法检测的离子。如水样中碘化物 I^- 的检测，用直流安培检测器检测碘化物的灵敏度要明显优于电导检测器。

③ 紫外-可见光检测器

紫外-可见光检测器对待测物质进行分析定量，是以朗伯-比尔定律为基础的。紫外-可见光检测器在离子色谱中最重要的应用是通过柱后衍生技术测量过渡金属和镧系元素。

2）抑制器

由于离子色谱的淋洗液是含有高浓度酸或者碱的水溶液，具有很高的电导。在进入电导检测器检测之前先经过抑制器，淋洗液被中和成电导值很小的水，而被测样品转化成相应的酸或碱，大大提高了被测样品的灵敏度。抑制器起到了降低淋洗液的背景电导和增加被测离子的电导值，改善信噪比的作用。目前常用的抑制器有微膜抑制器和自动再生连续工作型抑制器。

① 微膜抑制器

微膜抑制器的结构呈三明治形，有两片再生液网屏和一片淋洗液网屏，其间为薄的阳离子或阴离子交换膜。阴离子抑制器中为阳离子交换膜，这种膜对阳离子具有可透性，并同时具有对阴离子的阻挡作用。如图 4-9 所示，来自再生液中的 H^+ 离子通过阳离子交换膜进入淋洗液网屏与淋洗液中 OH^- 反应生成水。为了保持淋洗液和再生液的电中性，化

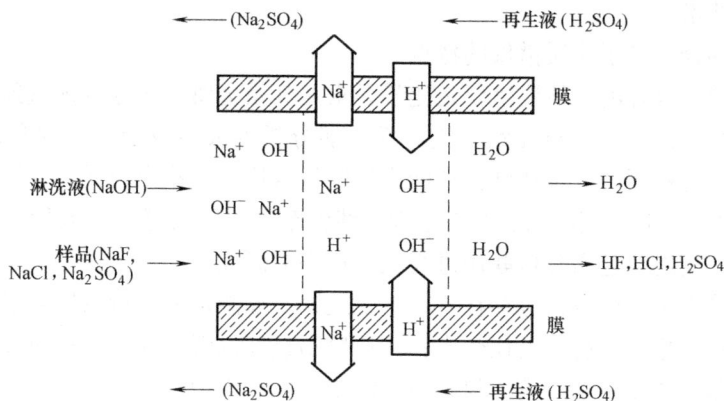

图 4-9 阴离子微膜抑制器工作原理

学当量的 Na^+ 离子向反向移动，从淋洗液到再生液。

② 自动再生连续工作型抑制器

自动再生连续工作型抑制器是微膜抑制器的改进和完善，是目前最常用的抑制器。这种抑制器不用化学试剂来提供 H^+ 或 OH^-，而是通过电解水产生的 H^+ 或 OH^- 来满足化学抑制器所需的离子，而且平衡快，背景噪音低，抑制容量高。

（4）离子色谱法的定性定量分析

离子色谱法的定性定量分析方法同高效液相色谱法，主要以保留时间定性，外标法定量。

（5）离子色谱仪的使用和维护

1）为防止固体微粒对高压泵的损坏，使用超纯水配制淋洗液，淋洗液配制试剂的纯度也要尽可能高。

2）工作压力要适当，注意泵的工作压力不要超过规定的最高压力。

3）使用 $0.45\mu m$ 的微孔滤膜过滤样品，除去固体悬浮物后方可进入色谱柱。对于某些含有机物和重金属离子的样品，还需通过预处理小柱除去有机物和重金属离子后方可进样。

4）使用阴离子色谱柱分离检测时，系统通淋洗液后再打开抑制器电流；仪器关闭前，先关闭抑制器电流，再关闭高压泵。

5）抑制器长期不用会导致抑制器内微膜脱水，损坏抑制器性能，因此为保持抑制器内湿润，每周至少通水一次。

第三节 联用技术

1. 电感耦合等离子体质谱仪

（1）方法原理

电感耦合等离子体质谱法（ICP-MS）是一种无机元素分析技术，用于检测样品中无机元素的含量。它是以电感耦合等离子体（ICP）作为等离子体源，将待测试样进行蒸发、解离、原子化以及电离等过程形成带正电荷的离子，通过接口系统对离子进行采样，离子透镜系统进行聚焦，进入质谱按照质荷比进行分离筛选，最后通过检测器进行计数检测的一种分析技术。

（2）电感耦合等离子体质谱仪的特点

目前，电感耦合等离子体质谱仪是化学元素尤其是金属元素分析领域独一无二的卓越仪器，它具有很多优点：分析元素种类广泛，能分析绝大多数金属元素和部分非金属元素；能多元素同时检测，分析速度快；能进行同位素检测；检出限低，灵敏度高，检出限可低至 ng/L 水平；非常宽的动态线性范围，线性范围可以跨越 9 个数量级；能进行定性及半定量分析，还能与色谱分析联用进行元素形态的研究。

电感耦合等离子体质谱仪也存在一些不足之处，如测定低质量数的离子（质量数低于41）比较困难；受盐类干扰程度比较大；接口容易损坏或者出现故障；对环境以及使用的水、试剂、容器清洁度要求较高；仪器运行成本较大；维护麻烦等。

（3）电感耦合等离子体质谱仪的结构

电感耦合等离子体质谱仪由样品引入系统、电感耦合等离子体离子源、接口系统、离子透镜系统、四极杆质量分析器、检测器、支持系统构成，其他支持系统有真空系统、冷却系统、气体控制系统、计算机控制及数据处理系统等，如图 4-10 所示。

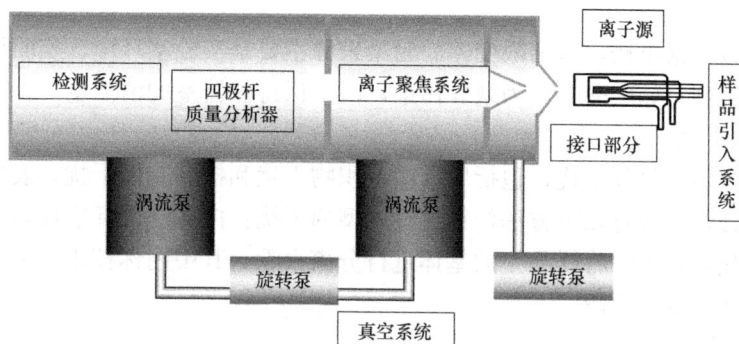

图 4-10　电感耦合等离子体质谱仪的结构

1）样品引入系统

样品引入系统主要由样品提升和雾化两部分组成，试样通过蠕动泵的转动进入雾化器，雾化器中引入载气（氩气）将液体转化成气溶胶。进入 ICP 矩管处的气溶胶颗粒平均尺寸要求<10μm，而雾化器产生的气溶胶大小不一，需继续通过雾化室将尺寸过大的气溶胶滤去，保持气溶胶尺寸的均一性。

2）电感耦合等离子体离子源

电感耦合等离子体离子源由矩管、高频发射器、感应线圈和冷却系统组成，形成等离子体温度高达 8000～10000K。气溶胶被引入等离子体源，发生去溶剂化、蒸发、解离、原子化、电离等过程，转化成带正电荷的离子。

3）接口系统

接口系统的作用是将常压下等离子体中的样品离子有效地传输到高真空的质谱仪中。其关键部件是采样锥和截取锥。

4）离子透镜系统

离子透镜系统位于截取锥后面高真空区域，作用是将来自截取锥的离子聚焦到质量过滤器，并阻止中性原子的进入和减少来自 ICP 的光子的通过量。

5）质量分析器

通常为四极杆分析器，它通过改变四极杆之间的电场，允许给定质荷比（m/z）的离子通过电场被检测器检测，其余离子会过分偏转与极棒碰撞而被中和，以此实现质量的选择。

6）检测器

常用的是双通道模式的电子倍增器，将捕获到的离子转换成电子脉冲信号。检测低含量信号时，采用脉冲模式，直接记录捕获到的总离子数量。当离子浓度较大时，检测器则自动切换到模拟模式进行检测，以保护检测器。

7）支持系统

真空系统由机械泵和分子涡轮泵组成，用于维持质谱分析器工作所需的真空度；冷却系统有效排除仪器内部的热量，包括排风系统和循环水系统；气体控制系统保证整个仪器气体的正常供给，包括辅助气、冷却气、载气、保护气等。

（4）电感耦合等离子体质谱仪的干扰

电感耦合等离子体质谱仪存在各种干扰，主要包括污染、非质谱干扰和质谱干扰等。

1）污染

污染会导致数据出错，检出限变差。污染来源主要是实验室环境、实验用水、存储容器以及所用的试剂，如硝酸等。为减少污染，需要保持仪器室的清洁度，检查实验空白。

2）非质谱干扰

非质谱干扰也称物理干扰，包括质谱内沉积物干扰和样品基体干扰，表现形式为信号抑制和信号漂移，可通过以下方法校正这种类型的干扰：内标法、标准加入法、氩气气溶胶稀释、采用化学分离法将样品中的基体进行分离去除，其中内标校正是使用最广泛的用来校正物理干扰的技术手段。

3）质谱干扰

质谱干扰是最主要的干扰，包括多原子离子干扰、同量异位素干扰。质谱干扰可以通过编辑干扰方程校正，也可以采用不同的工作模式来抑制干扰，如碰撞/反应池模式（CCT）、KED模式、冷焰模式等。

（5）电感耦合等离子体质谱仪的定性及定量分析

电感耦合等离子体质谱仪功能非常强大，可以利用全扫描对试样中的大部分元素进行定性分析，同时可以实现元素的半定量和定量分析。

（6）电感耦合等离子体质谱仪的使用和维护

1）溶解固体含量需控制在0.2%以内。

2）保证进样无溶胶和沉淀，否则容易堵塞雾化器。

3）每次使用前需要检查仪器灵敏度，若灵敏度达不到要求，需要通过调谐等各种手段提高灵敏度。

4）保证氩气的纯度，氩气不纯，会导致点火失败。

5）雾化器、雾化室、矩管、采样锥、截取锥都要定期维护和清洗。

6）内标管、进样管、废液管使用一段时间后会失去弹性，影响正常进出液，需要及时更换。

7）使用的容器需要用高纯度硝酸溶液（10%～20%）浸泡后用超纯水冲洗至少三遍以上，晾干使用。若长期不用，需在无金属污染的塑料袋中密闭保存。

8）定期维护空气过滤器，定期更换循环冷却水，并加入抑菌剂，定期清理水机过滤网。

2. 气相色谱—质谱联用仪

气相色谱—质谱联用仪（GC-MS）技术结合了气相色谱和质谱的优点，可同时完成待测组分的分离、定性和定量，被广泛应用于复杂组分的分离与鉴定。

（1）方法原理

质谱仪作为气相色谱的检测器，利用电离源将各组分的分子电离成质谱碎片，通过相应的谱库检索碎片信息，给出此信息与某化学物质匹配度，从而达到对物质进行定性的目的。

（2）气相色谱—质谱联用仪的结构

气相色谱—质谱联用仪，是以质谱为检测器的气相色谱仪。质谱仪又包括真空系统、接口系统、电离源、质量分析器与检测器五个部分。

1）真空系统

质谱仪的离子产生及经过系统必须处于高真空状态，通常离子源真空度应达 $1.3 \times 10^{-4} \sim 1.3 \times 10^{-5} \mathrm{Pa}$，质量分析器中应达 $1.3 \times 10^{-6} \mathrm{Pa}$。若真空度过低，则会造成离子源灯丝损坏，副反应过多，从而使图谱复杂化。一般质谱仪都采用机械泵预抽真空后，再用高效率扩散泵连续地运行以保持真空。

2）接口系统

气相色谱与质谱仪的接口是为了高效地将样品引入到离子源中并且不能造成真空度的降低。理想的接口是能除去全部载气，但却能将待测物毫无损失地从气相色谱仪传输到质谱仪。目前常用的接口有直接导入型、开口分流型和喷射式分离器等。

3）电离源

电离源的功能是将进样系统引入的气态样品分子转化为离子。由于离子化所需要的能量随分子不同差异很大，因此，对于不同的分子应选择不同的离解方法。其中电子轰击离子源和化学电离源是气相色谱—质谱联用仪常用的电离源。

4）质量分析器

质量分析器的作用是将离子源产生的离子按质荷比（m/z）顺序分离。用于有机化合物分析的质量分析器有磁分析器、四极杆分析器、离子阱分析器、飞行时间分析器等。

5）检测器

检测器的作用是将经过质量分析器出来的粒子流接受下来并放大，然后送到显示单元和计算机数据处理系统，得到要分析的图谱和数据。常用的检测器有法拉第杯、电子倍增器及闪烁计数器等，使用较多的是电子倍增器。

（3）气相色谱—质谱联用仪的分析条件

在气相色谱—质谱联用仪分析中，色谱的分离和质谱数据的采集是同时进行的。为了使每个组分都实现良好的分离和鉴定，必须设置合适的色谱和质谱分析条件。色谱条件主要包括色谱柱的类型、试样气化温度、程序升温方式等。质谱工作条件包括电离电压、扫描质量范围、扫描模式等。质谱的扫描模式有全扫描模式和选择离子模式两种。

1）全扫描模式（SCAN）

全扫描模式，质量分析器在给定的时间范围内对给定质荷比范围进行无间断的扫描，获得样品中每一个组分（在特定时间内）的全部质谱。全扫描模式主要用于测定试样中的未知化合物，当需要证实或解析试样中的化合物时，全扫描模式能提供更多的结构信息。

2）选择离子模式（SIM）

当目标化合物的结构和质谱图已知时，在操作前确认预检测的质荷比，只对其进行检测而不记录其他离子，这种扫描模式为选择离子模式。选择离子模式较全扫描模式所得的总离子流图简单。由于只检测一个或几个离子，大大提高了灵敏度，使其有更好的选择性。

（4）气相色谱—质谱联用仪的定性定量分析

1）定性方法

以电子轰击离子源为电离条件进行全扫描模式得到的质谱图，与标准谱图库中的标准谱图进行匹配度检索，是气相色谱—质谱联用仪对未知化合物进行定性的重要方法。

进行匹配图检索的标准质谱图是纯化合物的质谱图，因此在实验时以下条件均会影响检索结果：1）仪器调谐方式不对，或数据采集时最强峰超量程，导致采集的谱图中离子的相对强度不对；2）采集数据或处理谱图时设定的低质量范围过高，重要的低质量特征峰没出现；3）色谱分离不好，得到的不是单一组分的质谱图，或底峰干扰严重。

2）定量方法

气相色谱—质谱联用仪的定量方法有校正面积归一化法、外标法、内标法等。

（5）气相色谱—质谱联用仪的使用和维护

气相色谱—质谱联用仪在日常使用和维护中，要注意载气纯度、压力、进样系统、色谱柱的维护，另外，质谱的日常维护。

1）质谱仪的离子产生及经过系统必须处于高真空状态，仪器开启后需观察真空度，防止系统漏气。

2）质谱仪在新开机或开机一段时间后，应进行调谐，使仪器的各个参数的设置符合分析要求。

3）离子源在使用过程中易受到污染，应定时清洗离子源。

3. 高效液相色谱—质谱联用仪

（1）方法原理

高效液相色谱—质谱联用仪（HPLC-MS）检测是通过高效液相色谱对物质进行分离后，再通过质谱进行检测，实现对物质的定性和定量。高效液相色谱结合了液相色谱仪有效分离热不稳性及高沸点化合物的分离能力，质谱仪很强的组分鉴定能力，是一种分离分析复杂有机混合物的有效手段。

（2）高效液相色谱—质谱联用仪的结构

高效液相色谱—质谱联用仪的质谱部分主要由真空系统、离子源、质量分析器与检测器四部分组成。

1）真空系统

由机械真空泵（前级低真空泵）和扩散泵或分子泵（高真空泵）组成真空机组，抽取系统真空。只有在足够高的真空度下，仪器才能达到高灵敏度。

2）离子源

高效液相色谱—质谱联用仪的离子源，是液相色谱和质谱仪之间的接口装置，同时也是电离装置。目前，常用的离子源有电喷雾电离源和大气压化学电离源。

① 电喷雾电离源（ESI）

电喷雾电离源是应用最多的电离方式，结构如图 4-11 所示，它的主要部件是一个多层套管组成的电喷雾喷嘴。电喷雾电离包括了三个基本过程：

a. 液滴的形成和雾化。

b. 去溶剂化和离子的形成。

c. 离子的输送。

电喷雾电离源是一种软电离方式，即便是相对分子质量大、稳定性差的化合物，也不会在电离过程中分解，适合于分析极性强的大分子化合物。另外，电喷雾电离源容易形成多电荷离子，有利于高分子量试样的测定。

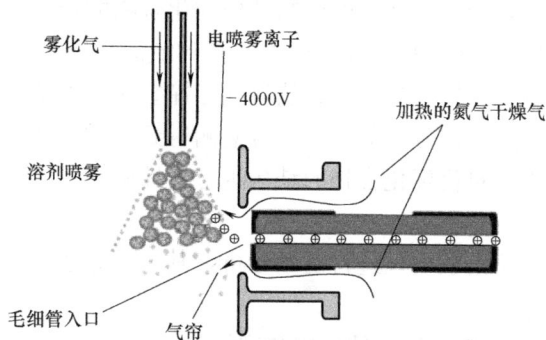

图 4-11　电喷雾电离源（ESI）的结构

② 大气压化学电离源（APCI）

大气压化学电离源主要用来分析中等极性或非极性化合物。由于大气压化学电离源主要产生的是单电荷离子，其得到的质谱很少有碎片离子，主要是准分子离子。

3）质量分析器

质量分析器是质谱仪的核心，其作用是将离子源产生的离子按质荷比（m/z）分离。高效液相色谱—质谱联用仪的质量分析器有单四极杆、串联四极杆、离子阱、飞行时间分析器等。

单四极杆可以进行简单的结构分析，也可进行定量分析，且价格不太高，但灵敏度不够，易受到杂质的干扰，只适合于结构简单化合物的分析。串联四极杆可以做到多级的结构分析，且扣除背景较好，能够进行超低含量的分析。

高效液相色谱—质谱联用仪一般使用串联四极杆作为质量分析器。串联四极杆的结构如图 4-12 所示，由两个单四级杆和碰撞池组成。分析过程中，先由第一个四极杆选择性地通过某些离子，然后在碰撞池打碎，再经过第二个四极杆分离。

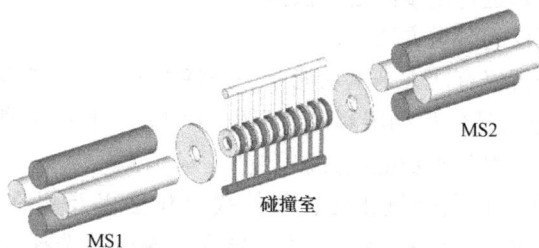

图 4-12　串联四极杆的结构

4）检测器

质谱仪的检测器主要使用电子倍增器，将倍增器出来的电信号送入计算机处理。

（3）高效液相色谱-质谱联用仪的定性定量分析

1）定性分析

气相色谱-质谱联用仪对化合物的定性可通过与标准谱库比对进行定性，而高效液相色谱-质谱联用仪没有相应的标准谱库，只能通过对质谱图进行结构解析，或自建谱库定性。串联质谱不同的扫描方式可得到信息不同的质谱图。其扫描方式有全扫描、选择离子扫描、子离子扫描、母离子扫描、多反应监测和中性丢失扫描。

其中，对于目标化合物的定性，即已知结构的化合物的定性，多采用多反应监测扫描（MRM）。多反应监测是在选择扫描离子模式的基础上演化而来，对于多反应监测，首先通过一级质谱筛选检测到特异性母离子，然后在碰撞室对母离子进行碰撞诱导，再经过二级质谱对选定的子离子进行信号采集。多反应监测得到的质谱图干扰少，特异性强，纯度高，灵敏度也较高，更易对目标化合物的结构进行定性确认。

2）定量方法

用高效液相色谱—质谱联用仪进行定量分析，其基本方法同高效液相色谱法一致，采用外标法、内标法定量。

（4）高效液相色谱-质谱联用仪的使用和维护

1）使用新鲜的超纯水和流动相，尽量不使用无机酸、难挥发性盐（如磷酸盐）和表面活性剂等。

2）定期冲洗雾化器组件和电喷雾雾化室。

3）当仪器重新开机，或距上次调谐超过一个月时，需调谐质谱仪以达到最佳使用状态。

第四节　其他大型检测设备

1. 总有机碳分析仪

（1）总有机碳指标及仪器原理

总有机碳（TOC）是水中有机物所含碳的总量，是直接测量水中有机污染物较好的方法，通常作为评价水体有机物污染程度的重要依据。

总有机碳分析仪是通过一定氧化方式将溶液中有机碳经氧化转化为二氧化碳，在消除干扰物质后由检测器测得二氧化碳含量，利用二氧化碳与总有机碳之间碳含量的对应关系，对溶液中的总有机碳进行定量测定的仪器。

（2）总有机碳分析仪的分类方法

常见的总有机碳分析仪有两大基本功能：一是将水中的总有机碳充分氧化，生成二氧化碳（CO_2）；二是通过合适的检测器测定新产生的 CO_2。不同品牌和型号的总有机碳分析仪的区别在于实现这两大基本功能的方法不同。

目前常用的氧化技术有燃烧氧化法、紫外线氧化法以及超临界水氧化法。常用的 CO_2 的检测方法有非分散红外线检测、直接电导率检测以及选择性薄膜电导率检测。根据上述不同原理方法，可以装配成不同类型的总有机碳分析仪。

总有机碳分析仪中常用氧化技术有：

1）紫外线氧化法

紫外线氧化法的优点是氧化效率高、保养简单，缺点是紫外灯管需要定期更换。

2）燃烧氧化法

燃烧氧化方法优点是只需一次性转化，流程简单、重现性好、灵敏度高，缺点是探测器需频繁校准，体积大及预热时间长，必须使用酸、催化剂和载气。

3）超临界水氧化法

超临界水氧化法的优点在于氧化完全迅速，可以耐受高盐化合物，缺点是不能检测低

TOC 浓度的水样。

2. 流动分析仪

流动分析仪是一种针对不同检测项目采用相应独立模块化设计，根据样品的分析流程，运用基本的流体动力学定律改变和控制整个连续流的化学反应，由计算机软件控制自动完成每一个样品的全过程分析，包括标准系列溶液的配制、取样、样品前处理、化学反应、信号检测、数据报告等的分析仪器。

流动分析将多种辅助设备整合在样品的整个反应流路中，可完成样品自动取样，在线前处理等环节，方便高效。流动分析仪可消除手工操作带来的误差，监控试剂和参比变化，提供准确、高效、重复性良好的分析数据，并有效降低所用试剂对人体的伤害以及对环境的污染。因此被广泛应用于地表水、饮用水、海水、废水等不同种类水体中氨氮、硝酸盐、亚硝酸盐、氯化物、硅酸盐、硫化物、挥发酚、氰化物、阴离子洗涤剂、总磷、总氮等指标的检测。

（1）流动分析仪工作原理

流动分析仪简易流程图，如图 4-13 所示。

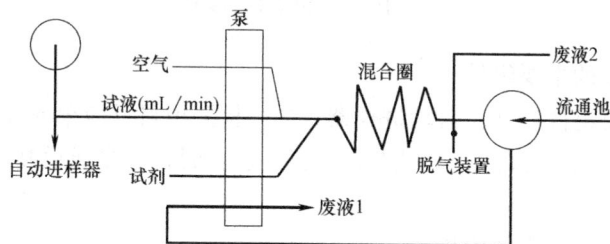

图 4-13 流动分析仪流程图

按照连续流动的方法，通过蠕动泵压缩不同管径的泵管，将反应试剂和待测样品按比例注入密闭、连续的流动载流中，在化学反应单元中发生化学反应，检测器测的信号值、用以测定样品浓度。流动分析仪根据样品反应单元控制机理不同分为连续流动分析仪和流动注射分析仪两类。

1）连续流动分析仪

连续流动分析仪工作原理是在连续流中有一系列规律运动发生，为了这一系列规律运行正常，把空气泡泵入连续流中，这些等体积空气泡把液流均匀分割，每一液段都是一个微型独立整体，单独移动并经过每一个分析步骤，每个液段内检测物的反应都是充分完全的。其流路示意图，如图 4-14 所示。

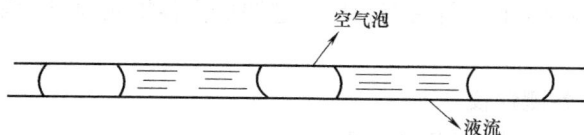

图 4-14 连续流动流路示意图

2）流动注射分析仪

流动注射分析仪在整个流路中检测物的反应是不完全反应，但是通过定量环、六通阀的切换以及到阀时间优化设定等手段达到控制试样的分散，从而有效控制样品的稀释度，达到缩短反应时间，提高检测效率的目的。其流路示意图，如图 4-15 所示。

图 4-15　流动注射流路示意图

样品经过上述两类流动分析仪的检测后，其测量信号峰形图，如图 4-16 所示。

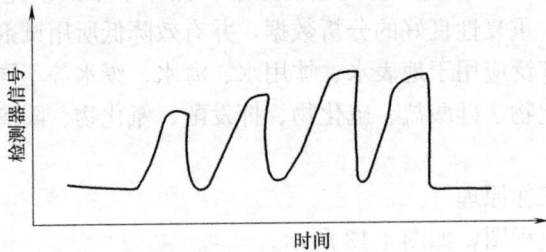

图 4-16　检测信号峰形图

（2）流动分析仪的主要组件

流动分析仪主要组件包括：自动进样器、单一检测项目反应单元及模块、在线蒸馏器（需要蒸馏的项目）、循环冷却水（蒸馏后需要冷凝的项目）、多通道蠕动泵、比色检测器、数据处理系统、载气等。

（3）流动分析仪的使用及维护

1）仪器参数设置因仪器品牌、型号、检测原理及检测项目的差异而有所不同，应根据相应检测项目实际情况进行优化调整。仪器使用前应按照对应作业指导书的要求配制所需试剂，并将仪器工作条件调整到最佳状态。

2）所有泵管先进纯水，检查整个流路系统的密封性、液体流动的顺畅性和气泡的均匀性。

3）使用流动分析仪进行样品检测前，对于浑浊度较高、颗粒物较多的样品，应先对样品进行过滤处理，以免颗粒杂质堵塞流动分析仪的管路。

4）对于某些对试剂本底值有特殊控制要求的项目，或者试剂对检测灵敏度影响较大的项目，应严格按照要求选购合适的试剂。

5）在仪器工作过程中，应避免有强烈气流影响管路，导致基线发生强烈的波动。

6）根据实际检测频率和泵管疲劳程度，定期更换各检测项目的泵管，并做好比色检测器中滤光工作。

3. 低本底弱放射性测量仪

（1）低本底弱放射性测量仪工作原理

某种元素的原子核自发地放出某种射线而转变成别种元素的原子核的现象，称作放射性衰变。能发生放射性衰变放出 α 射线或 β 射线等的核素，称为放射性核素（或称放射性同位素）。

总 α、总 β 放射性指标是指饮用水及其水源水中 α、β 放射性核素的总 α、β 放射性体积活度。测定过程：水样经酸化稳定后，蒸发浓缩，加入硫酸，转化为硫酸盐，蒸发至硫酸冒烟完毕，然后在350℃灼烧，残渣转移至样品盘中制成样品源，在预先用α、β标准源刻度过的测量系统中测量α、β计数。

（2）低本底弱放射性测量仪的结构

一般由主探测器（包括计数器、光电倍增管、样品盘）、反符合探测器、铅室、电子线路部分、计算机等组成。

测量仪器工作原理图，如图4-17所示。

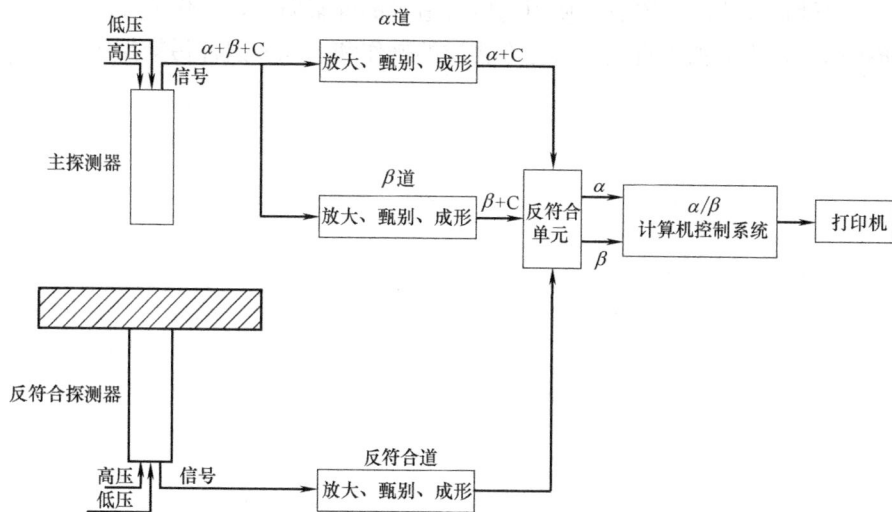

图4-17 低本底弱放射性测量仪的工作原理

来自主探测器的信号包括α、β和宇宙射线产生的本底C，这3种信号分两路，一路进入α道，一路进入β道。在α道中，阀值选定一个区间，β信号和低幅度的噪声信号就很难通过，只有α粒子产生的较大幅度的信号和宇宙射线产生的大幅度的信号C能通过，然后进入反符合单元，经反符合去除宇宙射线，输出α信号。进入β道的α、β和C信号，设定低阀值和高阀值，只有大于低阀值和小于高阀值的信号及落在β道的宇宙射线可以通过窗甄别器，然后进入反符合单元，经反符合去除宇宙射线信号C，输出β信号。α、β两道射出的信号，经计算机处理后形成报告。

测量系统中的计数器有银激活的硫化锌闪烁探测器、硅全探测器（SSB）或无窗正比计数器，以及离子注入的Si探测器和有窗正比计数器。目前用到较多的是银激活的硫化锌闪烁探测器。

（3）低本底弱放射性测量仪的使用和注意事项

1）为减少采样桶壁对待测物的吸附，样品采集的时候加入适量硝酸。

2）样品盘的大小由探测器直径和源托大小决定，仪器安装后，样品盘面积一般固定不变。

3）水样量由样品盘上的铺样量决定，5Amg（A为样品盘面积，cm^2）～15Amg比较适宜，铺样量少于5A，增加水样量，铺样量过多，减少水样量。

4）β源半衰期较短，半年至一年需要校正。

5）α、β工作源效率测量和工作源效率稳定性测量可作为仪器的期间核查项。

6) 每批次样品检测前都要进行本底测量和标准源效率测量。

7) 操作场所的装修要利于清洁，实验室墙面、天花板、地板和实验台面应光滑、耐酸碱、耐辐射，便于去除放射性污染，通风良好。

8) α、β 的标准物质存储场所和放射性废弃物暂存处可设置成控制区，控制其辐射水平和表面放射性污染水平；样品前处理和检测区可设为监督区，以防止放射性污染向清洁区扩散。

9) 残渣转移至样品盘的过程中，戴上口罩，避免人体吸入残渣和呼气吹散残渣。

10) 放射性标准物质的取放、使用均应有适当的屏蔽防护，工作人员应正确穿戴与使用个人防护用品，不应裸手直接进行标准物质的操作和去除放射性污染操作。

第五章

实验室管理

第一节　资质认定和实验室认可

检验检测行业是高技术服务业、生产性服务业、科技服务业，具有公共保障性和市场开放性的特征。

1. 资质认定

（1）资质认定的概念

资质认定是指国家和省级市场监督管理部门依据有关法律法规和标准、技术规范的规定，对检验检测机构的基本条件和技术能力是否符合法定要求实施的评价许可。

检验检测机构是指依法成立，依据相关标准或者技术规范，利用仪器设备、环境设施等技术条件和专业技能，对产品或者法律法规规定的特定对象进行检验检测的专业技术组织。

（2）资质认定的发展

20世纪80年代初期，计划经济由市场经济模式所取代，产生了供需双方的验货检验需求。为了规范这批新成立的产（商）品质检机构和依照其他法律法规设立的专业检验机构的工作行为，《中华人民共和国计量法》规定了为社会提供公证数据的产品质量检验机构的考核要求，《中华人民共和国计量法实施细则》将此考核称为"计量认证"。

2003年，国务院公布的《中华人民共和国认证认可条例》规定："向社会出具具有证明作用的数据和结果的检查机构、实验室，应当具备有关法律、行政法规规定的基本条件和能力，并依法经认定后，方可从事相应活动"，确立了检验检测机构实验室资质认定制度。

现行的《检验检测机构资质认定能力评价　检验检测机构通用要求》RB/T 214—2017全面吸收了国际标准《检测和校准实验室能力的通用要求》ISO/IEC 17025：2017的精华，同时保留了法律法规和政府对检测机构的强制性考核要求，推进了资质认定的评审活动与国际接轨。

2. 实验室认可

（1）概念

实验室认可是由认可机构对实验室的技术和管理能力按照约定的标准进行评价，并将结果向社会公告以正式承认其能力的活动。通过认可的机构能力得到证实，出具的证书和报告更能被政府管理部门和公众所信任。

（2）中国认可的实施

我国认可工作始于 20 世纪 90 年代初，由中国合格评定国家认可委员会（China National Accreditation Service for Conformity Assessment，简称 CNAS）代表我国参加了亚太实验室认可合作组织 APLAC 及 ILAC，并签署了互认协议，根据《中华人民共和国认证认可条例》的规定，统一负责对认证机构、实验室和检验机构等相关机构实施认可工作。国内的认可标准为《检测和校准实验室能力认可准则》CNAS-CL01：2018，其依据来自于《检测和校准实验室能力的通用要求》ISO/IEC 17025：2017。

3. 资质认定和实验室认可的区别

资质认定和实验室认可都是对实验室质量和技术水平能力的一种认可，评审准则大同小异，评审过程和方式也基本相同，但资质认定的证书和报告只在国内有效，实验室认可的证书和报告则在国际上被承认。见表 5-1。

资质认定和实验室认可的区别　　　　表 5-1

内容	检验检测机构资质认定	实验室认可
法律依据	《计量法》《认证认可条例》《检验检测机构资质认定管理办法》	《认证认可条例》等相关法规。我国对（如生物安全等）个别领域，有法律上的强制要求
基本性质	强制性，属于我国行政许可制度	自愿申请
对象范围	针对第三方实验室，不包括校准实验室	对所有实验室（包括第一、二、三方实验室）
实施部门	国家认监委、省市场监管局	中国合格评定国家认可委员会
级别类型	国家级、省级	不分级
考核内容	公正性和技术能力	公正性和技术能力
评审依据	《检验检测机构资质认定能力评价　检验检测机构通用要求》RB/T 214—2017，以及相关领域（如环境监测）的特殊要求	《检测和校准实验室能力认可准则》CNAS-CL01：2018，其他相关领域（如化学、微生物等）的应用说明
主要目的	提高管理水平和技术能力	提高管理水平和技术能力
批准结果	发证书、CMA 标志	发证书、CNAS 标志

第二节　检测工作管理

1. 人员管理

（1）实验室应有足够的人员，能够满足管理、采样、检测、审核等需要。

（2）实验室应建立培训、考核、监督制度，确保人员的技术能力水平。

（3）实验室人员应公平公正、严守职业道德，严禁伪造、篡改检测结果。

（4）实验室人员对数据和信息有保密义务。

2. 环境设施

（1）实验室应具有满足检验检测需要的工作场所，布局设计合理，符合相关要求。

（2）实验室应严格控制并记录环境条件，如不能满足要求，应立即停止检测工作。

（3）实验室应有措施防止干扰和交叉污染。

（4）实验室应有良好的内务管理，强化安全和环保意识，做好废气、废液收集、无害化处理等措施，避免造成环境污染。

3. 设备管理

（1）实验室应依据标准或技术规范配备满足要求的设备和设施。

（2）实验室设备包括检测所需并影响结果的仪器、软件、标准物质、消耗品、试剂、辅助设备等。

（3）仪器设备在投入使用前，应采用检定/校准，核查的方式，确认其满足检测的需要。

（4）仪器使用人员必须接受相关培训，并得到授权后才能上岗操作，非授权人员不得擅自使用。

（5）日常使用中应及时填写使用记录，定期对仪器设备进行维护、期间核查或功能性检查，做好相关记录，确保仪器设备状态良好。

（6）仪器使用过程中出现异常和故障，应立即停止使用，不得带病运行，并加贴标识以防误用。修复后的仪器设备须经检定/校准、核查，确保性能和技术指标符合要求方可投入使用。

（7）实验室应制定仪器设备的检定/校准和核查计划，并按计划实施。

（8）当仪器校准产生修正信息时，应在检测中得到应用。

（9）实验室应使用有证标准物质，按规定储存，定期期间核查，以防污染或损坏。

（10）每台仪器设备（包括标准物质）都要有唯一性标识。

（11）应保存每一台仪器设备的档案，资料内容包括：仪器的购买合同、使用和维修说明书、安装调试验收报告、使用记录、维护记录、检定或校准记录、期间核查记录、仪器故障及维修记录、仪器的易损或消耗性部件的更换记录等。

4. 样品管理

（1）实验室应有专门的样品存放区域，并配备必要的冷藏设备。

（2）实验室在采集、运输、接收等过程中应注意保护样品的代表性、完整性、有效性，并及时做好记录。

（3）样品应有唯一性标识，确保样品在检验检测流转过程中不被混淆。

（4）样品应在规定时间内完成分析检测。

（5）实验室应做好留样，按规定存放和处置，并保留相关记录。

5. 方法管理

（1）实验室应采用标准方法，依法检测；做到定期查新，确保现行有效。

（2）标准方法在使用前应对其进行验证，确保有正确运用标准方法的能力，当标准发生变化时，需重新进行验证。

（3）针对不同性质的样品，实验室应依据标准的适用范围，选择适当的方法进行检测。

6. 质量控制

（1）实验室人员在检测过程中应采取必要的、合适的质量控制措施，确保数据的准确可靠。

（2）发现异常或超标数据时，应立即复检，分析原因，采用比对、加标等质控手段进行验证确认。

7. 记录管理

（1）记录包括质量记录和技术记录。

（2）检验检测技术记录应包含充分足够的信息，尽可能在接近原条件下复现，如环境条件、仪器条件、方法依据、标准物质信息等。

（3）原始观察结果、数据应及时记录，当场填写，字迹工整、清楚、规范。

（4）记录修改应采用签改方式，有修改人签名或等效标识。

（5）原始记录应有检测、校核/审核人员签名，必要时还应有采样人员签名。

（6）记录应及时备份，存放要有安全保护措施，避免数据丢失或改动。电子记录应与书面记录采取同等措施，防止未经授权的侵入和修改。

（7）记录应按规定期限进行保存。

8. 文件管理

（1）实验室应对内、外部文件进行管理与控制，保持文件的适用性、有效性。

（2）文件可以是纸质书面的，也可以是其他媒介。对于电子文件的控制、更改应有具体规定。

第三节　实验室安全管理

1. 实验室日常检测操作安全管理

（1）实验室人员进入实验室应穿实验服，将长发及松散的衣服妥善固定。进行有危险性的工作要穿戴防护用具，如防护口罩、防护手套、防护眼镜等。

（2）严格遵守劳动纪律、坚守岗位、认真操作。

（3）实验人员必须认真学习安全防护和事故处理的有关知识。

（4）实验人员必须熟悉仪器、设备性能和使用方法，按规程要求进行操作。

（5）凡进行危险性实验时，操作人员应先检查防护措施，确认防护妥当后，才可进行实验。实验中不得擅自离开，实验完成后要立即做好清理善后工作，以防留下事故隐患。

（6）凡有毒或有刺激性气体发生的实验应在通风橱内进行，要加强个人防护，不得把头部伸进通风橱内。

（7）腐蚀性的酸、碱类物质不能放在高处或实验架顶层，开启腐蚀性和刺激性物品的瓶子时应戴防护眼镜，瓶口要向外，向无人处开启。开启有毒气体容器时应戴防毒面罩。禁止用手直接拿取上述物品。

（8）实验室内所有试剂必须贴有明显的与内容物相符的标签。

（9）试验中产生的废液、废物应集中处理，不得任意排放。酸、碱或有毒物品溅落时，应及时清理及除毒。

（10）严格遵守安全用电规程。不使用绝缘损坏或接地不良的电器设备，不准擅自拆、修电器。禁止在一条线路上接多个插线板。

（11）实验完毕，实验人员必须洗手后方可进食，并且不准把食物、食具等带进实验区域。实验室内禁止吸烟。

（12）实验室应配备消防器材。实验人员要熟悉使用方法并掌握有关的灭火知识。

（13）实验结束后，人员离开实验室前要检查水、电、燃气和门窗，确保安全后方能离开。

（14）严禁无关人员随意进入实验室。

2. 用电安全管理

（1）实验室内的电器设备的安装和使用管理，必须符合安全用电管理规定，大功率实验设备用电必须使用专线，严禁与照明线共用，谨防因超负荷用电着火。

（2）实验室用电容量的确定要兼顾发展的增容需要，留有一定余量。但不准乱拉乱接电线。

（3）实验室内的用电线路和配电盘、板、箱、柜等装置及线路系统中的各种开关、插座、插头等均应保持完好，处于可用状态。

（4）实验室内不得使用明火取暖，严禁抽烟。必须使用明火实验的场所，须严加管控。

（5）手上有水时请勿接触电器用品或电器设备。

（6）电器插座请勿接太多插头，以免超负荷，引起电器火灾。

（7）如电器设备无接地设施，请勿使用，以免产生感电或触电。

（8）正确操作闸刀开关。应使闸刀处于完全合上或完全断开的位置，不能若即若离，以防接触不良打火花。

（9）新购的电器作业前必须全面检查，以防因运输震动使电线连接松动，确认没问题并接好地线后方可使用。

（10）用电安全定期检查纳入日常安全检查范围。

3. 危险化学品管理

危险化学品是指具有爆炸、易燃、毒害、感染、腐蚀、放射性等性质，在生产、经营、储存、运输、使用和废弃物处理过程中，容易造成人身伤亡、财产损毁和环境污染而需要特别防护的化学品。

实验室应当遵守国家有关安全生产法律法规，严格按照《危险化学品安全管理条例》（国务院 591 号令）的要求，加强危险化学品储存、使用的安全管理。

（1）危险化学品的分类

按照《危险货物分类和品名编号》GB 6944—2012，危险化学品分为 9 类：爆炸品；气体；易燃液体；易燃固体、易于自燃的物质、遇水放出易燃气体的物质；氧化性物质和有机过氧化物；毒性物质和感染性物质；放射性物质；腐蚀性物质；杂项危险物质和物品。

（2）危险化学品的储存

1）危险化学品的储存方式、方法以及数量应当符合国家标准及相关规定。实验室作为储存危险化学品的单位，其危险化学品的储存数量应尽量少。

2）实验室应制定危险化学品事故应急预案，并根据其种类和危险特性，在储存和使用场所设置相应的安全设施设备，并对安全设施设备进行经常性维护保养，保证其正常使用。

3）实验室应当在储存、使用场所和安全设施上设置明显的安全警示标志。

4）实验室应当在储存、使用场所设置必要的通信、报警装置，并保证处于适用状态。

5）实验室应当委托具备国家规定的资质条件的机构，对本单位的安全使用条件每3年进行一次安全评价，提出安全评价报告。

6）实验室储存有剧毒化学品、易制毒危险化学品、易制爆危险化学品，应当设置治安保卫机构，配备兼专职治安保卫人员。如实记录其数量、流向，并采取必要的安全防范措施，防止其丢失和被盗。

7）新购的危险化学品要对其规格、数量、包装等进行验收，验收合格后再办理入库。入库后分类分项存放、做好标识，并定期检查。遇热、遇潮易引起燃烧或爆炸的危险试剂，存放时应当采取隔热、防潮措施。剧毒试剂存放于有锁的试剂柜。

8）危险化学品的收发应实行"双人保管、双人收发、双人领料、双账本、双锁"的五双制度。

9）危险化学品的管理应由专人负责，同时建立危险化学品的出入库核查、登记制度。

4. 压力容器管理

实验室用到的压力容器一般有气瓶和压力蒸汽灭菌器。

（1）气瓶的使用管理

1）气瓶作为移动式压力容器，实验室使用人员需要通过培训掌握安全操作知识和应急处置的知识，见表5-2。

实验室常用气瓶的颜色标志   表5-2

序号	充装气体名称	瓶色	字样	字色
1	乙炔	白	乙炔不可近火	大红
2	氢气	淡绿	氢	大红
3	氮气	黑	氮	淡黄
4	空气	黑	空气	白
5	氩气	银灰	氩	深绿
6	氦气	银灰	氦	深绿

2）气瓶使用前应对其安全状况进行检查，凡是瓶内介质不明，瓶体颜色、瓶阀出口螺纹结构与所盛介质不符，瓶体有变形、损失和超期气瓶不得使用。

3）气瓶必须放在阴凉、干燥、远离热源的气瓶间，直立固定放置，并且要严禁明火，防暴晒。

4）搬运气瓶时用手或借助手推车，不能横卧滚运，防止摔掷和剧烈振动，搬运前要带上安全帽并旋紧。

5）使用可燃性气体气瓶时，必须备有与气体性质相适应的消防器材。

6）气瓶必须专瓶专用，不得擅自改装。钢瓶使用的减压表也要专用。

7）开启或关闭瓶阀时，只能用手或者专用扳手缓慢操作，以防止气体高速流动而产生静电。开启乙炔瓶阀应用专用扳手。

8）在使用可燃气体或者氧气时，如在使用过程中感到气体纯度不好时，应停止使用。

9）乙炔气体停止使用时，应先关闭仪器上的点火开关，然后关乙炔阀门，再在仪器上排空管路残留气体，最后确认乙炔瓶上两个表都归零。

10）气瓶的气体不得全部用尽，必须留有不小于 0.05MPa 的余压，以防止倒灌。

11）禁止敲击气瓶，以免产生火花。气瓶在使用中应配带防震圈，以防止因碰撞引起瓶体损伤。

（2）压力蒸汽灭菌器的使用管理

依据《固定式压力容器安全技术监察规程》TSG 21—2016 规定，同时具备下列三个条件的压力蒸汽灭菌器为压力容器：

① 工作压力≥0.1MPa；

② 容积≥0.03m³ 且直径≥150mm；

③ 盛装介质为气体、液体气体以及介质最高工作温度≥其标准沸点的液体。

属于压力容器的压力蒸汽灭菌器，使用中要注意以下事项：

1）压力蒸汽灭菌器作为固定式压力容器，在投入使用前或者投入使用后 30 日内，应当按照要求到当地市场监督管理部门逐台办理使用登记手续。

2）建立压力蒸汽灭菌器技术档案、安全管理制度，制定安全操作规程，并由专人进行安全管理。

3）编制压力蒸汽灭菌器的年度定期检验计划，定期组织开展压力容器安全检查。

4）压力蒸汽灭菌器的安全管理人员应持证上岗，并组织开展压力容器作业人员的教育培训。

5）对压力蒸汽灭菌器进行日常维护保养，对发现的异常情况及时处理并且记录。

6）制定事故救援预案并且组织演练。

7）对于已经达到设计使用年限的压力蒸汽灭菌器，如果要继续使用，应当委托有检验资质的特种设备检验机构参照定期检验的有关规定对其进行检验，经过使用单位主要负责人批准后，方可继续使用。

5. 实验室废弃物管理

（1）化学废弃物（化学废液）

化学废液一般分为液态失效试剂、液态实验废弃产物或中间产物等。液态失效试剂主要包括各种过期、失效的化学试剂。液态实验废弃产物或中间产物则主要包括实验中使用的各种无机或有机试剂，如酸碱废水、重金属盐废水，各种挥发性、有毒有机试剂等。

废液处理时应注意如下事项：

1）废液处理必须分类收集、安全存放，严禁随意排放。

2）禁止往水槽内倒入容易堵塞的杂物和强酸、强碱及有毒的有机溶剂。

3）对剧毒、易燃、易爆、易发生剧烈反应的试剂废液需进行单独的分类收集。

4）为防止溅出，在添加新废液时，应使用漏斗；加入挥发性的废液时还需在通风橱中进行。

5）每次将废液加入废液桶后，应将新废液的资料填入废液收集单上。

6）废液桶必须维持密封状态，不泄漏，并定期检查。

（2）实验室气体废弃物（废气）

1）对少量的有毒气体可通过通风设备（通风橱或通风管道）经稀释后排至室外。

2）大量的有毒气体必须经过处理后才能排到室外，如氮、硫、磷等酸性氧化物气体，可用导管通入碱液中，使其被吸收后排出。

3）生物安全柜、超净工作台、紫外灯等采用紫外臭氧杀菌设备，消毒结束后需关闭紫外灯半个小时以上，待臭氧分解后再进行无菌操作实验。

（3）实验室固体废弃物（废固）

1）对固体废弃物的处理需根据其性质进行分类收集处理，禁止随意混合存放。

2）实验室应配备储存废固的有盖容器，产生的废固分类倒入容器储存后，再交由废弃物处置单位进行处理。

（4）实验室生物类废弃物

使用过的微生物、细胞等培养材料的废弃物，如：微生物培养液、培养基、培养瓶、培养皿、培养板等需经过有效灭菌后方可丢弃或清洗。

6. 实验室突发事故的应急处理

（1）实验室火灾应急处理

1）发现火情，现场工作人员立即采取措施处理防止火势蔓延，并迅速报告。

2）确定火灾发生的位置，判断出火灾发生的原因。

3）明确火灾周围环境，判断出是否有重大危险源分布及是否会带来次生灾难发生。

4）明确救灾的基本方法，并采取相应措施，按照应急处置程序采用适当的消防器材进行扑救。

5）依据可能发生的危险化学品事故类别、危害程度级别，划定危险区，对事故现场周边区域进行隔离和疏导。

6）视火情拨打"119"报警求救，并到明显位置引导消防车。

（2）实验室中毒应急处理

发现实验室人员急性中毒时，应及时采取措施急救，在现场做初步救治，尽快消除或减少毒物的影响，这对抢救中毒者的生命意义极大。

1）有毒气体或蒸汽

吸入有毒气体或蒸汽中毒，应立即将患者移至空气新鲜处，解开衣领和纽扣，呼吸新鲜空气，再按如下措施分别处理：

① 窒息性气体：如吸入一氧化碳等气体，遇有呼吸衰竭情况，可施行人工呼吸或给氧。

② 氰化钾、氰化氢：如吸入蒸汽，迅速脱离现场至空气新鲜处。如呼吸困难，输氧。呼吸心跳停止时，立即进行人工呼吸（勿用口对口，可用俯卧压背法）。

③ 酸性刺激性气体：如吸入氯气、氯化氢等，可吸入 20g/L $NaHCO_3$ 热水蒸气，给服 $NaHCO_3$ 并含漱。胸、喉刺激者适当冷敷。

④ 有机蒸汽：如吸入卤代烃、苯等蒸汽，如呼吸困难，给氧或人工呼吸。

2）液体或固体毒物

液体或固体毒物，多为误食中毒，简述如下：

① 碱（氢氧化钠、氢氧化钾、氨水等）：先饮大量水再喝些牛奶，立即就医。

② 酸（硫酸、硝酸、盐酸等）：将患者移离现场至空气新鲜处，有呼吸道刺激症状者

应吸氧。先喝水，再服 Mg（OH）$_2$ 乳剂，最后饮些牛奶，立即就医。

③ 重金属盐：喝一杯含有几克 $MgSO_4$ 的水溶液，立即就医。

④ 水银：可食用蛋白（如 1L 牛奶加三个鸡蛋清）解毒并使之呕吐，立即就医。

（3）实验室触电应急处理

1）触电急救的原则是在现场采取积极措施保护伤员生命。

2）触电急救，首先要使触电者迅速脱离电源，越快越好，触电者未脱离电源前，救护人员不准用手直接触及伤员。

3）触电者脱离电源后，应使其就地躺平，且确保气道通畅。

4）抢救的伤员应立即就地坚持用人工心肺复苏法正确抢救，就医。

（4）实验室化学灼伤应急处理

1）酸（硫酸、硝酸、盐酸等）：先用抹布尽量擦拭干净，紧接着用大量水冲洗，再用 5％$NaHCO_3$ 浸洗，然后再用水冲洗。

2）碱（氢氧化钠、氢氧化钾、氨等）：立即用大量水冲洗，用 2％醋酸溶液浸洗，最后用水冲洗。

3）氯化锌、硝酸银：先用水冲，再用 50g/L $NaHCO_3$ 漂洗。

4）酚：先用大量水冲洗，再以 4∶1 的 70％乙醇和 0.3mol/L 的氯化铁混合液洗。

5）高锰酸钾：先用水洗，再用肥皂彻底洗涤。

6）过氧化氢：立即用水冲洗，也可以用 2％ $NaHCO_3$ 冲洗。

7）试剂溅入眼内：在现场立即就近用大量清水或生理盐水彻底冲洗，冲洗时，眼睛置于水龙头上方，水向上冲洗眼睛，时间应不少于 15min。处理后，再送医院治疗。

（5）实验室外伤应急处理

1）割伤：取出伤口处的玻璃碎屑等异物，用水洗净伤口，挤出一点血，医用酒精消毒后用消毒纱布包扎，也可在洗净伤口处贴创可贴。若伤口较大而大量出血，应迅速在伤口的上部和下部扎紧血管，立即就医。

2）烫伤：立即将伤处用大量水淋洗或浸泡。用医用酒精消毒后，如果伤处红痛或红肿，可擦烫伤药膏敷盖伤处；若有水泡，不能弄破水泡；烫伤严重应立即就医。

附录

附录1：常用元素相对原子量表

原子序数	名称	符号	相对原子量	原子序数	名称	符号	相对原子量
1	氢	H	1.007	27	钴	Co	58.933
2	氦	He	4.002	28	镍	Ni	58.693
3	锂	Li	6.941	29	铜	Cu	63.546
4	铍	Be	9.012	30	锌	Zn	65.39
5	硼	B	10.811	33	砷	As	74.921
6	碳	C	12.0107	34	硒	Se	78.96
7	氮	N	14.006	35	溴	Br	79.904
8	氧	O	15.999	38	锶	Sr	87.62
9	氟	F	18.998	40	锆	Zr	91.224
10	氖	Ne	20.179	42	钼	Mo	95.94
11	钠	Na	22.989	47	银	Ag	107.868
12	镁	Mg	24.305	48	镉	Cd	112.411
13	铝	Al	26.981	51	锑	Sb	121.760
14	硅	Si	28.085	53	碘	I	126.904
15	磷	P	30.973	56	钡	Ba	137.327
16	硫	S	32.065	78	铂	Pt	195.084
17	氯	Cl	35.453	79	金	Au	196.966
18	氩	Ar	39.948	80	汞	Hg	200.59
19	钾	K	39.098	81	铊	Tl	204.383
20	钙	Ca	40.078	82	铅	Pb	207.2
22	钛	Ti	47.867				
23	钒	V	50.941				
24	铬	Cr	51.996				
25	锰	Mn	54.938				
26	铁	Fe	55.845				

附录2：t分布表

自由度 f	0.1	0.05	0.025	0.01	0.005	0.0005	(单侧)
	0.2	0.1	0.05	0.02	0.01	0.001	(两侧)
1	3.07768	6.31375	12.70620	31.82052	63.65674	636.61925	
2	1.88562	2.91999	4.30265	6.96456	9.92484	31.59905	
3	1.63774	2.35336	3.18245	4.54070	5.84091	12.92398	
4	1.53321	2.13185	2.77645	3.74695	4.60409	8.61030	
5	1.47588	2.01505	2.57058	3.36493	4.03214	6.86883	
6	1.43976	1.94318	2.44691	3.14267	3.70743	5.95882	
7	1.41492	1.89458	2.36462	2.99795	3.49948	5.40788	
8	1.39682	1.85955	2.30600	2.89646	3.35539	5.04131	
9	1.38303	1.83311	2.26216	2.82144	3.24984	4.78091	
10	1.37218	1.81246	2.22814	2.76377	3.16927	4.58689	
11	1.36343	1.79588	2.20099	2.71808	3.10581	4.43698	
12	1.35622	1.78229	2.17881	2.68100	3.05454	4.31779	
13	1.35017	1.77093	2.16037	2.65031	3.01228	4.22083	
14	1.34503	1.76131	2.14479	2.62449	2.97684	4.14045	
15	1.34061	1.75305	2.13145	2.60248	2.94671	4.07277	
16	1.33676	1.74588	2.11991	2.58349	2.92078	4.01500	
17	1.33338	1.73961	2.10982	2.56693	2.89823	3.96513	
18	1.33039	1.73406	2.10092	2.55238	2.87844	3.92165	
19	1.32773	1.72913	2.09302	2.53948	2.86093	3.88341	
20	1.32534	1.72472	2.08596	2.52798	2.84534	3.84952	
21	1.32319	1.72074	2.07961	2.51765	2.83136	3.81928	
22	1.32124	1.71714	2.07387	2.50832	2.81876	3.79213	
23	1.31946	1.71387	2.06866	2.49987	2.80734	3.76763	
24	1.31784	1.71088	2.06390	2.49216	2.79694	3.74540	
25	1.31635	1.70814	2.05954	2.48511	2.78744	3.72514	
26	1.31497	1.70562	2.05553	2.47863	2.77871	3.70661	
27	1.31370	1.70329	2.05183	2.47266	2.77068	3.68959	
28	1.31253	1.70113	2.04841	2.46714	2.76326	3.67391	
29	1.31143	1.69913	2.04523	2.46202	2.75639	3.65941	
30	1.31042	1.69726	2.04227	2.45726	2.75000	3.64596	
40	1.30308	1.68385	2.02108	2.42326	2.70446	3.55097	
50	1.29871	1.67591	2.00856	2.40327	2.67779	3.49601	
60	1.29582	1.67065	2.00030	2.39012	2.66028	3.46020	
70	1.29376	1.66691	1.99444	2.38081	2.64790	3.43501	

| 自由度 f | 0.1 | 0.05 | 0.025 | 0.01 | 0.005 | 0.0005 | （单侧） |
	0.2	0.1	0.05	0.02	0.01	0.001	（两侧）
80	1.29222	1.66412	1.99006	2.37387	2.63869	3.41634	
90	1.29103	1.66196	1.98667	2.36850	2.63157	3.40194	
100	1.29007	1.66023	1.98397	2.36422	2.62589	3.39049	
110	1.28930	1.65882	1.98177	2.36073	2.62126	3.38118	
120	1.28865	1.65765	1.97993	2.35782	2.61742	3.37345	
∞	1.28155	1.64485	1.95996	2.32635	2.57583	3.29053	

附录3：常用酸碱溶液的浓度及配制

溶液	密度 /(g·cm^{-3})	质量分数 /%	物质的量浓度 /(mol·L^{-1})	配　制
浓盐酸	1.19	38	12	
稀盐酸	1.10	20	6	浓盐酸：水=1：1（体积比）
稀盐酸	1.0	7	2	6mol·L^{-1}盐酸：水=1：2（体积比）
浓硫酸	1.84	98	18	
稀硫酸	1.18	25	3	稀硫酸：水=1：5（体积比）
稀硫酸	1.06	9	1	3mol·L^{-1}硫酸：水=1：2（体积比）
浓硝酸	1.41	68	16	
稀硝酸	1.2	32	6	浓硝酸：水=8：9（体积比）
稀硝酸	1.1	12	2	6mol·L^{-1}硝酸：水=3：5（体积比）
冰醋酸	1.05	99.8	17.5	
稀乙酸	1.04	35	6	冰醋酸：水=27：50（体积比）
稀乙酸	1.02	12	2	6mol·L^{-1}醋酸：水=1：2（体积比）
浓氨水	0.91	28	15	
稀氨水	0.96	11	6	浓氨水：水=2：3（体积比）
稀氨水	1.0	3.5	2	6mol·L^{-1}氨水：水=1：2（体积比）
稀氢氧化钠	1.1	8	2	氢氧化钠80g/L

参 考 文 献

［1］ 华中师范大学等. 分析化学（下册）第三版 ［M］. 北京：高等教育出版社，2001.

［2］ 武汉大学等. 分析化学（上册）第五版 ［M］. 北京：高等教育出版社，2006.

［3］ 曾泳淮，林树昌. 分析化学（仪器分析部分）第二版 ［M］. 北京：高等教育出版社，2004.

［4］ 化学工业职业技能鉴定指导中心. 化学检验工 初级 ［M］. 北京：化学工业出版社，2008.

［5］ 国家城镇供水协会. 水质检验工 ［M］. 北京：中国建材工业出版社，2005.

［6］ 王有志等. 水质分析技术（第二版）［M］. 北京：化学工业出版社，2018.

［7］ 世界卫生组织（上海市供水调度监测中心　上海交通大学译），饮用水水质准则（第四版）［M］. 上海：上海交通大学出版社，2014.

［8］ 国家环境保护总局. 水和废水监测分析方法 ［M］. 第四版. 北京：中国环境科学出版社，2002.

［9］ 董玉莲，黄天笑等. 水质检验 ［M］. 广州：华南理工大学出版社，2014.

参考文献

[1] 李伟栋，高延敏，王海明，等．缓蚀剂［M］．北京：化学工业出版社，2017．

[2] 张大全，高立新．腐蚀与防护［M］．北京：化学工业出版社，2016．

[3] 曹楚南．腐蚀电化学原理［M］．北京：化学工业出版社，2008．

[4] 朱永海，沈长斌，邓博文，等．缓蚀剂及其应用［M］．北京：化学工业出版社，2015．

[5] 魏宝明．金属腐蚀理论及应用［M］．北京：化学工业出版社，1984．

[6] 刘永辉，张曾，等．电化学测试技术［M］．北京：北京航空学院出版社，2015．

[7] 左景伊，左禹．腐蚀数据与选材手册［M］．北京：化学工业出版社，1995．

[8] 刘道新．材料的腐蚀与防护［M］．西安：西北工业大学出版社，2016．